U0326278

青海省科学技术学术著作出版基金资助出版

难选铜镍硫化矿
清洁选矿工艺及应用

罗仙平　周贺鹏　程琍琍　著

北　京

冶金工业出版社

2018

内 容 提 要

本书以几种典型复杂难选铜镍多金属硫化矿石为研究对象，利用电化学原理与实验方法，对黄铜矿、镍黄铁矿等硫化矿的表面氧化行为、电化学浮选行为和机理进行了研究，探索了新型选铜酯类捕收剂 LP-01 与几种硫化矿物的作用机理，开发了复杂难选铜镍硫化矿清洁选矿新工艺，并成功地将新工艺应用于生产实践，取得了较好的选别指标。本书内容旨在为复杂难选铜镍多金属硫化矿石浮选分离问题的解决提供技术思路。

本书可供矿物加工工程、冶金工程等专业的高校师生、科研院所研究人员以及矿业企业的工程技术人员等学习参考。

图书在版编目 (CIP) 数据

难选铜镍硫化矿清洁选矿工艺及应用/罗仙平，周贺鹏，程琍琍著. —北京：冶金工业出版社，2018.3
ISBN 978-7-5024-7743-1

Ⅰ.①难… Ⅱ.①罗… ②周… ③程… Ⅲ.①铜镍—硫化矿物—难选矿物—选矿技术 Ⅳ.①TG146.1

中国版本图书馆 CIP 数据核字 （2018） 第 025775 号

出 版 人 谭学余
地 址 北京市东城区嵩祝院北巷 39 号 邮编 100009 电话 (010)64027926
网 址 www.cnmip.com.cn 电子信箱 yjcbs@cnmip.com.cn
责任编辑 徐银河 美术编辑 彭子赫 版式设计 孙跃红
责任校对 卿文春 责任印制 李玉山
ISBN 978-7-5024-7743-1
冶金工业出版社出版发行；各地新华书店经销；三河市双峰印刷装订有限公司印刷
2018 年 3 月第 1 版，2018 年 3 月第 1 次印刷
148mm×210mm；8.125 印张；195 千字；245 页
58.00 元

冶金工业出版社 投稿电话 (010)64027932 投稿信箱 tougao@cnmip.com.cn
冶金工业出版社营销中心 电话 (010)64044283 传真 (010)64027893
冶金书店 地址 北京市东四西大街46 号(100010) 电话 (010)65289081(兼传真)
冶金工业出版社天猫旗舰店 yjgycbs.tmall.com
（本书如有印装质量问题，本社营销中心负责退换）

前　言

　　铜镍硫化矿是一种具有极高开发价值的矿产资源，它除含有大量金属铜、镍矿物以外，还经常伴生金、银、铂、钯等稀贵金属，具有很好的回收利用价值，铜镍矿产资源在国民经济中占有极其重要的地位。然而，随着我国近40年来对铜镍硫化矿的开采，富矿及易开采矿石逐渐减少，大量的微细粒、低品位、表面矿、废矿等难选矿产资源正逐步得到重视，如四川丹巴铜镍铂矿，虽早已探明成为我国继金川之后的第二大铜镍铂矿区，但由于原矿品位低（铜品位 0.18% ~ 0.20%、镍品位 0.38% ~ 0.42%）、矿石化学成分及物质组成复杂、铜镍矿物嵌布粒度细，一直未得到大规模开发利用。因此，为适应我国经济持续增长的需要，充分利用铜镍资源，加强对微细粒低品位铜镍矿石经济高效开发利用的研究势在必行。

　　浮选电化学经过近60年的发展，已经初步形成了一套较完善的硫化矿浮选电化学理论，以此为基础形成的电位调控浮选技术在矿山应用上也取得了可喜的成绩。1996年以来，以王淀佐院士为首的学术梯队成功地将高碱原生电位调控浮选工艺应用于矿山生产，实现了铅锌硫化矿电位调控浮选的工业化，该工艺在全国十几座矿山得到推广，取得了巨大的经济效益和社会效益，为硫化矿的高质量选矿提供了新的思路。

由于镍的化学性质，铜镍硫化矿中常见的硫化矿物是磁黄铁矿、镍黄铁矿、黄铜矿、黄铁矿等。铜镍硫化矿几乎都是用浮选予以回收，但目前浮选工艺普遍存在以下问题：(1) 矿石易氧化，可浮性变化较大；(2) 多数情况下含镁脉石矿物含量较高，且可浮性好；(3) 黄铁矿、磁黄铁矿与镍黄铁矿共生，可浮性相近，当镍品位低时难以选出合格的镍精矿而多被废弃或没有得到综合回收。这些因素使得我国铜镍硫化矿矿产资源整体利用水平偏低。而要解决这一难题，使原来得不到开发的众多微细粒低品位铜镍硫化矿资源化，就需与之相适应的资源开发技术。为此，进行微细粒铜镍硫化矿浮选应用基础研究，从微观机制上探寻铜镍硫化矿浮选分离的本质，对提高我国铜镍硫化矿矿产资源的综合利用水平，缓解矿产需求与资源开发之间的矛盾，增强国内铜镍硫化矿矿石供矿能力，抵御国际市场价格冲击，促进矿产资源的可持续发展具有重要指导意义。

本书将电位调控浮选工艺应用于铜镍硫化矿的生产实践，首先根据硫化矿浮选电化学理论，从热力学分析和电化学分析测试具体研究了几种常见铜镍硫化矿在有或无捕收剂条件下的电化学行为。通过热力学计算，绘制了镍黄铁矿、黄铜矿及黄铁矿在有或无捕收剂体系中的 E_h-pH

图，确定了表面氧化产物 S 为硫化矿物无捕收剂浮选的疏水物质，随着 pH 值升高、电位 E_h 增加，其表面氧化产物由疏水产物 S 向亲水 $S_2O_3^{2-}$、金属氢氧化物等转换，可浮性降低；阐明了丁黄药和黄铜矿及镍黄铁矿表面作用的疏水产物是 X_2；通过循环伏安测试发现，捕收剂的加入，大大增强了硫化矿物表面的氧化进程，比较两种硫化矿，黄铜矿具有更宽的浮选临界 pH 值，在强碱条件下，黄铜矿与捕收剂的作用受自身氧化的影响比镍黄铁矿小，生成的双黄药能够很好地在矿物表面形成吸附，而镍黄铁矿在强碱介质中，表面先发生自身氧化反应，氧化所形成的氧化产物阻滞捕收剂双黄药的形成，降低了其表面疏水性；利用控制电位暂态方法对电极的氧化进行了研究，建立了几种硫化矿电极在有或无捕收剂体系下的氧化动力学模型，在相同捕收剂浓度和 pH 值条件下，捕收剂在硫化矿物表面氧化生成的疏水性双黄药分子层厚度不一样，导致硫化矿物表面的亲疏水程度存在差异，进而影响硫化矿的可浮性；通过 Tafel 测试，探索了药剂浓度变化及 pH 值对硫化矿电化学浮选的影响，在相同 pH 值体系中，黄铜矿的腐蚀电流密度 i_{corr} 更大，说明黄铜矿更易发生腐蚀。同时本书还对黄铜矿、镍黄铁矿及黄铁矿的浮选行为进行了研究，得出了不同矿浆电位 E_h、矿浆 pH 值、捕收剂浓度 c 条件下的浮选行为曲线，由此说明，对于硫化矿物的浮选，E_h、pH、c 是三个基本参数，E_h、pH、c 参数的耦合，是硫化矿物浮选的关键，并且硫化矿物的浮选有不同的 E_h、pH、c 区间。据此，进行了复杂难选铜镍硫化矿清洁选矿工艺设计，在小型试验的基础上成功地把新工艺应用于通化吉恩镍业有限公司、四川盐边县宏大铜镍有限责任公司等单位的矿山，结果表明，新工艺获得了成功，铜、镍精矿品位和回收率得到大幅提高，药剂成本明显降低。该工艺已为多座矿山带来了显著的经济效益和社会效益。当然，本书所介绍的一些阶段性的研究结果仍有待进一步的完善与提高。

　　本书是作者多年科研成果的汇总，研究内容先后得到了国家自然科学基金（51374116）、四川省重点技术创新项目计划（2009XM124）、江西省发明专利产业化技术示范（20143BBM26047）、青海省重点实验室发展专项（2014-Z-Y10）与青海省"高端创新人才千人计划"等项目的资助，本书的出版还得到青海省科学技术学术著作出版基金的资助，同时还得到了西部矿业集团有限公司、通化吉恩镍业有限公司、四川里伍铜业股份有限公司、四川盐边县宏大铜镍有限责任公司等的大力支持。江西省矿业工程重点实验室、江西省矿冶环境污染控制重点实验室、青海省高原矿物加工工程与综合利用重点实验室、青海省有色矿产资源工程技术研究中心以及江西理工大学矿物加工学科相关老师与科技人员对本书的完成给予了很大的帮助，团队的几位研究生杨备、雷梅芬、李建伟、韩统坤、马鹏飞、翁存建、王金庆等为本书中实验的开展作出了重要贡献。通化吉恩镍业有限公司、四川盐边县宏大铜镍有限责任公司等为现场工业实验研究和新工艺的产业化实施提供了大力帮助，这些单位的领导、工程技术人员和工人兄弟都付出了辛勤劳动！在此一并表示衷心的感谢！

由于作者水平和时间有限，书中不妥之处，恳请读者批评指正！

作　者

2018 年 1 月

目　　录

1　绪　论

1.1　铜镍硫化矿选矿技术的现状及发展

1.1.1　铜镍硫化矿选矿技术的现状及发展[1~3]

我国的镍资源量占世界总储量的 3.20%，在世界各国中排第 9 位。与国外资源相比，我国镍矿资源具有两个显著特点：（1）矿石品位较富，平均镍品位大于 1.00% 的硫化镍富矿约占全国的 40%。（2）我国镍资源分布高度集中，西部地区的镍矿储量约占全国总量的 97.70%，特别是甘肃、四川，其镍储量约占全国总量的 84%。但随着我国近 40 年来对铜镍硫化矿的开采，富矿及易采矿石逐渐减少，而现存大量的微细粒、低品位、表面矿、废矿等难选矿产资源亟待开发，如四川丹巴杨柳坪、正子岩窝、协作坪等铜镍铂矿区，已探明为我国继金川之后的第二大铜镍铂矿区，但由于原矿品位低（铜品位 0.18% ~ 0.20%、镍品位 0.38% ~ 0.42%）、矿石化学成分及物质组成复杂、铜镍矿物嵌布粒度细，一直未得到大规模开发利用。加强对此类资源的应用基础研究开发，无疑将大幅提高我国铜镍硫化矿矿产资源的资源保障能力。

根据铜镍硫化矿的矿石类型、矿物共生组合、嵌布特性、矿石品位和贵金属含量等因素的影响，铜镍硫化矿的选矿工艺也不尽相同。浮选铜镍硫化矿石时，确定浮选流程的一个基本原则是宁可使铜进入镍精矿，而尽可能避免镍进入铜精矿，因为铜精矿中的镍在冶炼过程中损失大，而镍精矿中的铜可以得到较完全的回收。铜镍矿石浮选有混合浮选流程、混合-优选浮选流程、直接优先浮选或部分优先浮选流程、浮选−磁选联合流程、闪速浮选法、BFP 全混合浮选等几种基本流程。目前大部分选矿厂都在使用混合浮选流程，如 A. A. Sirkeci 等人采用混浮工艺回收迪夫利铁矿尾矿中铜、镍、钴资源，针对老尾矿获得含镍 0.721%、钴 0.376%、铜 0.403%，镍、钴、铜回收率分别为 57.70%、83.10%、59.00%的混合硫化矿精矿；而其他一些浮选方法通过工艺和药剂制度控制也取得了较好的经济技术指标，如金川二矿区易选富矿，在原矿含镍 1.70%、铜 1.15%时，采用 HA 和石灰做组合抑制剂，对铜镍混合精矿分离，获得含镍 13.55%、铜 1.29%的镍精矿，含铜 25.09%、镍 1.30% 的铜精矿，镍、铜作业回收率分别达到 96.50% 和 88.20%的优良指标。另外，除了常规浮选，国内外在其他浮选工艺上也做了大量的研究工作。磁浮选是将磁选和浮选同时在一个装置中完成的过程，在非磁性矿物浮选时，防止磁性矿物进入泡沫产品中。磁浮选的最大优点是将两个分选过程合并到一个过程中，可减少中间物料处理次数，简化工艺流程。T. 雅尔辛等人提出用"磁浮选法"来有效处理含磁黄铁矿的硫化镍矿石，该法通过外加磁场将泡沫产品中的磁黄铁矿留在浮选槽中，降低浮选精矿中磁黄铁矿含量，获得了良好指标。重介质（重悬浮液）选矿首先将致密矿石和浸染矿石分别以重产品和轻产品的形式产出，然后再单独浮选每种产品，这能够从铁镍铂型的铜−镍矿石中大幅度地提高回收所有的有价成分。通过将传统的"柔性"流体变为"刚性"流体后，使工作中的悬浮液密度保持在高水平，提高了作业中浸染矿石的产率，且浮选后废弃尾矿中的铜和镍含量都有所降低，精矿中有价成分的回收率有所提高。

矿物资源的日趋枯竭促进了人们对低品位矿石的研究，传统的浮选工艺对于微细粒铜镍矿物分选效率不高、经济指标不理想，而化学浸出，如加压氨浸—氢还原、加压氨浸（预氧化焙烧—选择性还原—氨浸）、硫酸化焙烧—浸出、加压酸浸—置换—浮选等工艺又普遍存在流程复杂、经济效益不佳、环境污染严重等问题。虽然生物浸出低品位铜镍硫化矿的引入，可望有效缓解这个难题，但生物浸出存在浸出细菌培养驯化周期长、保存困难、成本高等问题，离工业化还有一定距离。

综合分析国内外铜镍硫化矿选矿技术发展现状可以看出，浮选仍是铜镍硫化矿选矿的主要技术，国内外铜镍硫化矿的浮选研究主要在浮选药剂方面，重点是新型抑制剂的研究，包括铜镍浮选分离抑制剂和含镁脉石矿物的抑制剂，但主要是针对高品位、粗粒嵌布铜镍硫化矿，对低品位、微细粒嵌布铜镍硫化矿的研究主要集中在化学浸出和生物浸出等方面，在浮选工艺、药剂等方面的研究结果不是很理想，尤其是微细粒铜镍硫化矿浮选过程中黄铜矿、镍黄铁矿以及滑石、蛇纹石、绿泥石等脉石矿物在浮选矿浆体系中氧化动力学参数的确定以及与其浮选速率常数之间的关系、动力学模型的建立等方面的研究比较少见。

对于铜镍硫化矿浮选分离电化学研究，由于镍黄铁矿电极制作困难，使得该方面的研究（无论是理论上还是实践上）受到限制。具体到微细粒铜镍硫化矿的浮选，对于浮选矿浆体系中各矿物表面和矿浆体系物质组成及其表面氧化研究，电化学动力学研究，细磨时滑石、蛇纹石、绿泥石等含镁脉石矿物对铜镍硫化矿浮选行为的影响研究还很不充分。

因此，针对我国微细粒铜镍硫化矿矿产资源的特点，必须大力加强铜镍硫化矿选矿基础理论研究和开发复杂难选铜镍硫化矿石的选矿新技术与新工艺。

1.1.2　研究意义

铜镍硫化矿是一种具有极高开发价值的矿产资源，它除含有大量金属铜、镍矿物以外，还经常伴生金、银、铂、钯等稀贵金属，具有较好的回收利用价值，铜镍矿产资源在国民经济中占有极其重要的地位。然而，随着我国近 40 年来对铜镍硫化矿的开采，富矿及易开采矿石逐渐减少，大量的微细粒、低品位、表面矿、废矿等难选矿产资源正逐步得到重视。因此，为适应我国经济持续增长的需要，充分利用铜镍资源，加强对微细粒低品位铜镍矿石经济高效开发利用的研究势在必行。由于镍的化学性质，铜镍硫化矿中常见的硫化矿物是磁黄铁矿、镍黄铁矿、黄铜矿、黄铁矿等。铜镍硫化矿几乎都是用浮选予以回收，但目前浮选工艺普遍存在以下问题：（1）矿石易氧化，可浮性变化较大；（2）多数情况下含镁脉石矿物含量较高，且可浮性好；（3）黄铁矿、磁黄铁矿与镍黄铁矿共生，可浮性相近，当镍品位低时难以选出合格的镍精矿而多废弃或没有得到综合回收。这些因素使得我国铜镍硫化矿矿产资源整体利用水平偏低，而要解决这一难题，使原来得不到开发的众多微细粒低品位铜镍硫化矿资源化，需要与之相适应的资源开发技术。为此，进行微细粒铜镍硫化矿浮选应用基础研究，从微观机制上探寻铜镍硫化浮选分离的本质，对提高我国铜镍硫化矿矿产资源的综合利用水平，缓解矿产需求与资源开发之间的矛盾，增强国内铜镍硫化矿矿石供矿能力，抵御国际市场价格冲击，促进矿产资源的可持续发展具有重要指导意义。

1.2 硫化矿物浮选电化学理论

硫化矿物浮选电化学理论，其研究核心是矿物浮选过程中，硫化矿物在矿浆体系不同的氧化还原氛围下，包括硫化矿物自身、硫化矿–捕收剂、硫化矿–调整剂等相互间的一系列氧化还原电化学反应。因此，从氧化还原电化学反应是否涉及捕收剂的角度出发，可将硫化矿浮选电化学理论分为无捕收剂浮选电化学理论和捕收剂浮选电化学理论。

1.2.1 硫化矿浮选的历史与发展[4~6]

1860 年，英国人 William Haynes 将经过细磨的硫化矿物与适量的油混合，利用硫化矿颗粒与油滴形成大的聚合体，而脉石矿粒可用水流从中分离开来。这种利用硫化矿和脉石在与油接触时所产生的差别从而实现硫化矿和脉石分离的方法虽然不能认作是真正的浮选方法，但可视为早期浮选方法应用于矿业生产的先驱。回顾硫化矿浮选超过 100 年的发展历程，经历了三个发展阶段，即：

（1）1860~1925 年，黄药出现前的表层浮选和全油浮选。该法因只适用未氧化、颗粒易浮的简单硫化矿，处理量小，药剂消耗量大，随着黄药的问世很快被泡沫浮选取代。

（2）泡沫浮选。1925 年黄药和 1926 年黑药的发明应用[7]，标志着硫化矿捕收剂泡沫浮选的到来。

随着捕收剂泡沫浮选时代的到来，众多研究者对浮选药剂，特别是黄药类捕收剂与硫化矿作用机制，进行了大量细致深入的研究，先后出现了一系列硫化矿浮选的经典理论和假说[5]，为硫化矿浮选新工艺开发和药剂寻找提供了方向。

（3）硫化矿浮选电化学。自 20 世纪 50 年代以来，人们开始注意到硫化矿浮选涉及电化学过程，且氧在硫化矿浮选过程中发挥着重要的作用，通过电化学理论和测试方法，发现硫化矿液相界面上涉及电荷转移，由此逐步形成了硫化矿浮选电化学这一研究领域[8~10]。

1.2.2 硫化矿物的无捕收剂浮选电化学理论

针对某些导电性良好的硫化矿物（如方铅矿和黄铜矿），在适宜的矿浆电位和 pH 值条件下，硫化矿物表面发生氧化反应，产生疏水的单质硫（S^0）或缺金属硫化物，使硫化矿在不添加捕收剂的条件下即能实现浮选。硫化矿物无捕收剂浮选分为自诱导浮选和硫诱导浮选。

（1）硫化矿自诱导浮选是在一定的矿浆电位下，硫化矿表面组分被诱发产生疏水物质，使硫化矿表现为无捕收剂可浮，其浮选机理主要有以下两种观点：

1）在电化学调控下，硫化矿表面适度阳极氧化生成疏水性的单质 S^0，从而使矿物可浮。其反应见式（1-1）和式（1-2）。

$$MS \longrightarrow M^{2+} + S^0 + 2e \qquad (1-1)$$

$$MS + 2H_2O \longrightarrow M(OH)_2 + S^0 + 2H^+ + 2e \qquad (1-2)$$

孙水裕等人对方铅矿、砷黄铁矿和黄铁矿的无捕收剂浮选行为进行了研究，并结合循环伏安测试、热力学计算等探明硫化矿表面氧化的产物中性硫是硫化矿表面疏水可浮的原因。R. A. Hayes 等人通过电位调控实现方铅矿、黄铜矿和闪锌矿的无捕收剂浮选，对表面疏水产物的质谱检测认为可能为单质硫。其他相关研究结果也支持了这种观点。

2）在电化学调控下，硫化矿表面阳极氧化初期先生成疏水的缺金属富硫化合物层。其反应见式（1-3）。

$$MS + xH_2O \longrightarrow M_{1-x}S + xMO + 2xH^+ + 2xe \qquad (1\text{-}3)$$

对黄铜矿和方铅矿表面氧化的研究支持了这种观点，认为在两者表面氧化生成的是疏水性缺金属硫化物，其反应分别为：

$$CuFeS_2 + \frac{3}{4}xO_2 + \frac{3}{2}xH_2O \Longrightarrow CuFe_{1-x}S_2 + xFe(OH)_3$$

$$(1\text{-}4)$$

$$PbS + \frac{1}{2}xO_2 + xH_2O \Longrightarrow Pb_{1-x}S + xPb(OH)_2 \qquad (1\text{-}5)$$

（2）硫化矿硫诱导浮选是使用含硫电位调整剂（如硫化钠）使硫化矿物表面组分被诱发产生疏水物质，使硫化矿表现为无捕收剂可浮。硫化矿硫诱导浮选的机理，研究认为 HS^- 在矿物表面氧化形成中性硫使矿物表面疏水可浮，其反应见式（1-6）。

$$2HS^- \longrightarrow 2H^+ + S^0 + 2e \qquad (1\text{-}6)$$

孙水裕等人研究了黄铁矿在 pH 值为 11.0 时的硫化钠无捕收剂诱导浮选行为，并对矿浆电位和矿物表面的中性硫含量进行了检测，发现加入硫化钠后，矿浆电位由 0.275V 降至 0.257V，矿物表面中性硫含量增大了三倍，黄铁矿回收率由 8.78% 不可浮变为全浮的 97.52%。

覃文庆研究了黄铁矿和黄铜矿的硫化钠无捕收剂诱导浮选，发现黄铁矿表面的静电位高于黄铜矿，HS^- 在黄铁矿表面氧化生成中性硫使黄铁矿表面疏水可浮，HS^- 在黄铜矿表面只发生吸附使矿物表面亲水可浮性下降。相关研究也支持了 HS^- 这种作用的看法。

1.2.3　捕收剂与硫化矿作用的电化学机理

自 Salamy 和 Nixon 首先报道用电化学测试方法研究某些浮选药

剂与硫化矿物电极表面作用的结果以来，国内外学者把电化学和硫化矿浮选理论相结合，对硫化矿物与捕收剂的作用机理进行了大量的研究。建立了硫化矿表面静电位与硫化矿-捕收剂作用产物相联系的混合电位模型，用以阐明捕收剂作用下硫化矿物表面的疏水作用机理，逐渐形成了硫化矿浮选电化学理论[11~13]。

按照硫化矿与捕收剂作用的反应类型及疏水产物的差异，可将混合电位模型分为两类。

第一类：硫化矿物以方铅矿为典型代表，其表面的疏水产物为金属黄原酸盐（MX_2）。

如用 MS 表示硫化矿物，X^- 表示硫氢捕收剂离子。

阳极氧化反应： $\qquad MS + 2H_2O \longrightarrow MO + S^0 + 2H^+ + 2e$ （1-7）

后续化学反应：$MO + 2X^- + H_2O \longrightarrow (MX_2)_{吸附} + 2OH^-$ （1-8）

阴极还原反应：$O_2 + 2H_2O + 4e^- \longrightarrow 4OH^-$ （1-9）

第一类混合电位机理：

$$MS + \frac{1}{2}O_2 + 2X^- + H_2O \Longrightarrow (MX_2)_{吸附} + S^0 + 2OH^- \quad （1\text{-}10）$$

第二类：硫化矿物以黄铁矿为典型代表，其表面的疏水产物是捕收剂二聚物（X_2）。

阳极氧化反应： $\qquad 2X^- \longrightarrow (X_2)_{吸附} + 2e$ （1-11）

阴极还原反应： $\qquad O_2 + 2H_2O + 4e^- \longrightarrow 4OH^-$ （1-12）

第二类混合电位机理：

$$2X^- + O_2 + 2H_2O + 2e \Longrightarrow (X_2)_{吸附} + 4OH^- \quad （1\text{-}13）$$

在硫化矿浮选体系中，矿物的静电位可确定硫化矿表面发生的阳极氧化反应类型。若硫化矿的静电位大于捕收剂二聚物氧化生成反应的热力学平衡电位，捕收剂更易在矿物表面氧化，生成疏水性捕收剂二聚物；反之，则生成金属黄原酸盐。

　　G. 布鲁特等人对黄铁矿的捕收机理进行了研究。浮选试验表明，在捕收剂黄药条件下，黄铁矿在 3 < pH < 6 可浮并在 pH 值为 4.0 时可浮性最佳，红外光谱测试结果也表明，此时在黄铁矿表面生成了双黄药。张永光、覃文庆对黄药的捕收机理研究表明，双黄药在黄铁矿表面的形成是一个分阶段完成的过程，黄原酸根离子先在矿物表面发生电化学吸附，而后再氧化成双黄药使矿物表面疏水可浮。

　　顾帼华对方铅矿在高碱中捕收剂浮选机理进行了研究，发现在 pH 值大于 12.5、电位为 0~0.2V 的介质中，DDTC 和方铅矿作用生成的疏水产物 PbD_2 可在矿物表面牢固吸附使表面疏水，同时抑制方铅矿在高碱介质中自身过度氧化生成亲水性氧化产物。

　　表 1-1 为 Allison S A 和 Finkelsiein N P 测定的几种硫化矿物在乙基黄药溶液中的静电位大小及表面产物，与混合电位模型一致[14,15]。

表 1-1　在乙基黄药溶液中硫化矿物的表面静电位与表面产物

硫化矿物	静电位（vs. SHE）/V	表面产物
方铅矿（PbS）	0.06	MX_2
斑铜矿（Cu_5FeS_4）	0.06	MX_2
黄铜矿（$CuFeS_2$）	0.14	X_2
辉钼矿（MoS_2）	0.16	X_2
黄铁矿（FeS_2）	0.22	X_2
磁黄铁矿（$Fe_{1-x}S$）	0.21	X_2
砷黄铁矿（FeAsS）	0.22	X_2

注：黄药的平衡电位为 0.13V。

　　根据硫化矿浮选电化学理论，浮选过程中硫化矿表面自身氧化和捕收剂在矿物表面的反应涉及电化学反应，可从热力学角度予以分析。对于硫化矿物 MS 而言，假定发生了以下反应：

$$MS + 2X^- \longrightarrow MX_2 + S^0 + 2e$$

$$E_1 = E_1^\ominus - \frac{RT}{2F}\ln[X^-]^2 \tag{1-14}$$

E_1 表示捕收剂在硫化矿表面形成疏水性产物的热力学平衡电位，式（1-14）代表浮选的开始，式（1-15）则对应了硫化矿表面氧化产生亲水性产物 $M(OH)_2$、$S_2O_3^{2-}$ 等，浮选开始受到抑制的热力学平衡电位 E_2。

$$2MS + 7H_2O \longrightarrow 2M(OH)_2 + S_2O_3^{2-} + 10H^+ + 8e$$

$$E_2 = E_2^\ominus - \frac{2.303RT}{8F}pH + \frac{RT}{2F}\ln[S_2O_3^{2-}] \tag{1-15}$$

从热力学角度分析，当电极电位 E 处于 E_1 和 E_2 之间时硫化矿才可浮，即：

$$E_1^\ominus - \frac{RT}{2F}\ln[X^-]^2 < E < E_2^\ominus - \frac{2.303RT}{8F}pH + \frac{RT}{2F}\ln[S_2O_3^{2-}]$$

$$\tag{1-16}$$

由式（1-16）可知，当矿浆电位高于浮选电位上限 E_2 或者低于电位下限 E_1 时，硫化矿表现为不可浮。对黄铁矿、黄铜矿和方铅矿等的大量研究验证了硫化矿浮选存在一可浮电位区间。

1.2.4　调整剂电化学浮选理论

1.2.4.1　硫化矿浮选与抑制的电化学

根据硫化矿物与捕收剂相互作用的电化学机理和混合电位模型，硫化矿、氧气、捕收剂三者的相互作用如图 1-1 所示（曲线 O 代表阳极过程，即捕收剂离子 X^- 与矿物作用或捕收剂离子 X^- 的自身氧化；图中 R_1 表示阴极过程，即氧气的还原)。

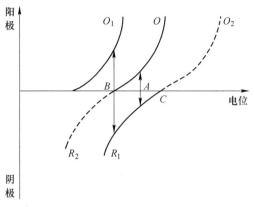

图 1-1 硫化矿浮选和抑制电化学相互作用示意图

图 1-1 中 A 处表示实际的混合电位，该体系可以通过以下途径加以调整：

（1）当提高捕收剂浓度或代之以较长烃基的捕收剂同系物时，捕收剂的氧化电流上升，曲线变成 O_1 线，此时新的混合电位对应的电流增大，浮选得以改善。

（2）当加入还原剂，如亚硫酸钠、SO_2 等降低矿浆中氧的含量时，还原电流降低，曲线 R_1 移至 R_2，混合电位也由 A 处移至 B 处。捕收剂氧化电流降为零，此时无捕收剂氧化产物生成，浮选受到抑制。

（3）若降低捕收剂浓度，则捕收剂氧化需要更高的电位，曲线由 O 移至 O_2 处，则浮选受到抑制，难以进行。

通过对硫化矿浮选电化学的详细研究，王淀佐院士提出了三种抑制方式，即捕收剂及矿物表面作用的电化学调控、矿物表面 MX 的阳极氧化分解及矿物表面 X_2 的阴极还原解吸。石灰、氰化物、HS^- 等均可以作为硫化矿浮选的抑制剂。pH 值升高，可以加速黄铁矿、磁黄铁矿等矿物的表面氧化，使得其浮选得到抑制。对混合浮选精矿的分离，其抑制也涉及了电化学过程。凡是能去除预先吸附在硫化矿表面的疏水性捕收剂产物的药剂，都可以作为抑制剂使用。

从电化学理论出发，抑制剂可以分为两类，第一类是还原剂，在还原条件下，硫化矿表面疏水性产物还原脱附解吸，抑制矿物浮选。

$$MX_2 + S^0 \longrightarrow MS + 2X^- + 2e \tag{1-17}$$

或
$$X_2 \longrightarrow 2X^- + 2e \tag{1-18}$$

第二类是氧化剂，使得预先吸附在硫化矿物表面的捕收剂金属盐在氧化条件下解吸，反应机理见式（1-19）。

$$MX_2 + 2H_2O \longrightarrow M(OH)_2 + X_2 + 2H^+ + 2e \tag{1-19}$$

Woods 等人根据矿物表面电化学过程的混合电位观点，提出矿物抑制的六种机理：

（1）强化矿物的阳极氧化，使之比捕收剂的阳极氧化更为迅速；

（2）引入一个比捕收剂氧化过程更容易进行的另一种阳极氧化反应；

（3）抑制捕收剂的阳极氧化过程；

（4）在矿物表面形成一种足以阻碍捕收剂与其接触的表面覆盖物；

（5）减少介质中溶氧的浓度；

（6）抑制氧的阴极氧化过程。

此外，以石灰为代表的高碱工艺是生产中应用最广泛的铜铅锌硫化矿浮选分离工艺。邱廷省等人通过测定 Ca^{2+} 与黄铁矿和黄铜矿表面动电位发现，当溶液中有 Ca^{2+} 存在时，黄铁矿表面会选择

性吸附 Ca^{2+}，以增强黄铁矿表面的亲水能力。同时亚硫酸会使矿浆中能活化黄铁矿的 Cu^{2+} 被还原为 Cu^+，从而减小矿浆中 Cu^{2+} 的浓度，进而使黄铁矿表面更易形成亲水的 $Fe(OH)_3$ 薄膜，使黄铁矿受到抑制。

1.2.4.2 Cu^{2+} 活化硫化矿物的电化学

利用铜离子活化硫化矿是浮选中常用的手段。闪锌矿中有铁以类质同象混入且当铁含量超过 6% 时，称为铁闪锌矿（$(Zn_xFe_{1-x})S$）。用常规浮选工艺分离铁闪锌矿、磁黄铁矿、黄铁矿比较困难，选别指标也不够理想。对 Cu^{2+}、Pb^{2+} 活化闪锌矿的相关研究较多，这些研究基本证实了活化后的闪锌矿具有良好的浮游性能。

根据金属腐蚀混合电位模型和半导体电化学理论模型[16~18]，它们可能分别对应着铁闪锌矿氧化成缺铁富硫（S^0）表层和 $Fe(OH)_3$、硫酸根离子（SO_4^{2-}）表层，其反应式为：

$$(Zn_xFe_{1-x})S \longrightarrow xZnS + (1-x)Fe^{3+} + (1-x)S^0_{(晶格)} + (1-x)e \tag{1-20}$$

$$(Zn_xFe_{1-x})S + (n+m)H_2O + h^+（半导体空穴）\longrightarrow$$
$$Zn_xFe_{1-x}(OH)_nS_2(OH)_m + (n+m)H^+ \tag{1-21}$$

$$Zn_xFe_{1-x}(OH)_nS_2(OH)_m \longrightarrow (1-x)Fe(OH)_3 +$$
$$xZn(OH)_2 + 2SO_4^{2-} \tag{1-22}$$

一方面，表面羟基化作用增强后，铁闪锌矿表面晶格中富硫层的稳定性变差；另一方面，Fe^{3+} 的催化作用容易使 S^0 氧化成 SO_4^{2-}。铁闪锌矿在碱性条件下将表现出活化难的特点。

对于铁闪锌矿的铜离子活化机制，Wood、Young 构建了 Cu-S-H_2O 体系的 E_h-pH 图，反应式如下：

$$C_1: 2CuS + H^+ + 2e \longrightarrow Cu_2S + HS^- \tag{1-23}$$

$$C_2: Cu_2S + H^+ + 2e \longrightarrow 2Cu + HS^- \tag{1-24}$$

$$A_1: 2Cu + HS^- \longrightarrow Cu_2S + H^+ + 2e \tag{1-25}$$

$$A_2: Cu_2S + H_2O \longrightarrow CuS + CuO + 2H^+ + 2e \tag{1-26}$$

$$A_3: CuS + H_2O \longrightarrow S \cdot CuO + 2H^+ + 2e \tag{1-27}$$

$$A_4: S \cdot CuO + 4H_2O \longrightarrow CuO + SO_4^{2-} + 8H^+ + 6e \tag{1-28}$$

因此，在开路条件下 Cu^{2+} 活化铁闪锌矿，电极表面活化产物主要是 CuS。

此外，余润兰等人还研究了活化电位及 pH 值对 Cu^{2+} 活化铁闪锌矿的影响，发现 Cu^{2+} 活化铁闪锌矿的活化产物为 Cu_nS，高电位下为 CuS，而低电位下为 Cu_2S，随电位的变化，n 在 1~2 之间变化。适当降低电位有利于改善活化效果。pH 值为 11 的石灰介质中，电位高于+322mV 后活化将变得困难。

1.2.5　磨矿体系的电化学行为[19~23]

磨矿是硫化矿浮选分离必不可少的一个过程，由于磨矿过程是暴露在空气中进行，因此或多或少会给浮选带来不利的影响。

首先，在磨矿过程中一些渗漏物和杂质容易进入到硫化矿晶格中去，导致了矿物表面特性的改变，例如电子能级和电极电位。1960 年，Rey 和 Formanek 首次报道了磨矿介质对于浮选的影响。研究表明，钢球降低了闪锌矿表面的活性，促进了方铅矿和闪锌矿的选择性浮选分离。因此，磨矿能够改变硫化矿表面的电极电位，对硫化矿的浮选产生了影响。

磨矿对于硫化矿浮选的另一个重要影响就是钢球、不同矿物和空气之间的迦伐尼电偶，由于三者之间静电位的差异，导致了氧化还原反应的发生，形成了伽伐尼电池。具有较高静电位的物质发生阴极钝化，具有较低静电位的物质则发生阳极氧化，氧在其表面还原。Nakazava 和 Iwasaki 等人研究了磁黄铁矿-钢球-水体系的伽伐尼电偶。

钢球的阳极氧化按以下方式进行：

$$Fe \xlongequal{\quad} Fe^{2+} + 2e \ (E^{\ominus} = -0.4V) \tag{1-29}$$

$$Fe^{2+} + 3H_2O \xlongequal{\quad} Fe(OH)_3 + 3H^+ + e \ (E^{\ominus} = 1.042V) \tag{1-30}$$

阴极过程则为氧气的还原：

$$O_2 + 2H_2O + 4e \xlongequal{\quad} 4OH^- \tag{1-31}$$

由式（1-31）可见，钢球的氧化有利于矿浆中氧气的消耗，降低了耦合作用建立的混合电位，为低 E_{op} 的矿浆环境创造了条件。由耦合作用建立的混合电位可以根据钢球与硫化矿相互交叉的极化曲线得到。尽管钢球的氧化会削弱硫化矿自身的氧化，但由于生成的氧化产物 $Fe(OH)_3$ 覆盖在矿物表面，对硫化矿的浮选将带来负面影响。

关于硫化矿-硫化矿-捕收剂体系的伽伐尼电偶，同样会造成具有低静电位的矿物阳极氧化和具有高静电位的矿物阴极钝化。Rao 和 Natarajan 研究了方铅矿-黄铁矿-黄药体系的伽伐尼电偶，如图 1-2所示。

结果表明，在丁黄药存在时，丁黄药将会对静电位低的方铅矿发生氧化作用生成 $Pb(BX)_2$，随着阴极过程氧气在黄铁矿表面快速还原，阳极过程也得到激化，即方铅矿-黄铁矿电偶有利于捕收剂在方铅矿表面的吸附。

1.3　硫化矿物电化学测试方法[24~33]

随着研究工作的不断深入，浮选理论及工艺技术得到持续发展

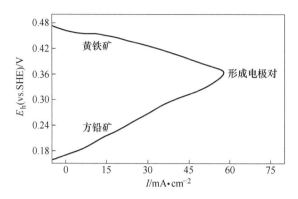

图 1-2 方铅矿-黄铁矿电极对在黄药存在时的极化曲线

和不断完善。20 世纪 30~50 年代，研究方法仅局限于测定液相组成、浮选回收率、药剂吸附量，仅从纯化学原理的角度解释浮选现象；60 年代，红外光谱等技术用于测定黄药与硫化矿物的反应产物；70 年代以来，电化学技术普遍应用于浮选理论研究中，提出了大家公认的硫化矿物浮选的电化学理论；现代表面测试技术可以获得矿物表面几个原子层厚度的化学成分和结构信息，使研究更加微观化。

1.3.1 循环伏安法

循环伏安法（cyclic voltammetry）是一种被广泛应用于研究电极体系中化学反应的热力学和反应步骤、电极过程、反应发生和电位的关系等机理的电化学研究方法，有着"电化学谱"之称。循环伏安法的基本原理（见图 1-3）是：三电极测试体系，控制电极电势以不同的速率，随时间以三角波形一次或多次对（研究电极）工作电极反复进行扫描，并记录电流-电势变化曲线，即得循环伏安曲线。

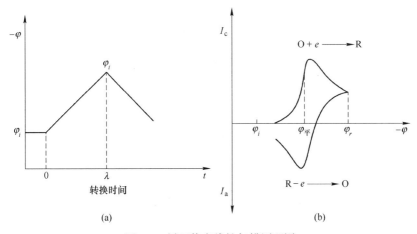

图 1-3　循环伏安线性扫描原理图

（a）循环伏安图中电势-时间的关系；（b）氧化还原循环伏安曲线图

设电势的扫描速度为 $v(\text{V/s})$，则单向扫描瞬时电势 $\varphi(t)$ 有：

$$\varphi(t) = \varphi_i - vt \tag{1-32}$$

反向扫描时的瞬时电势为：

$$\varphi(t) = \varphi_i - v\lambda + v(t - \lambda) = \varphi_i - 2v\lambda + vt \tag{1-33}$$

循环伏安法的优点主要有：

（1）可对较宽电势范围内的电极过程进行观测，并提供丰富的相关信息。

（2）根据其扫描的波形，波峰、波谷所对应的电压值等判断电极氧化还原反应参数和反应机理，进而推测电极表面的氧化还原产物组成。

1.3.2　Tafel 曲线

Tafel 曲线是根据稳态极化曲线测定电极反应动力学参数的一种方法，其利用慢速线性扫描测量体系中的电流随电势的变化。

对于一个电极反应：

$$O + ne \longrightarrow R \qquad (1-34)$$

当极化过电位 $\eta \geq \dfrac{120}{n}$ mV 时，溶液不存在浓差极化，电极过程受电化学步骤控制，此时 Butler-Volmer 公式可写为：

$$i = i_{corr}\left[\exp\left(-\frac{\alpha nF}{RT}|\Delta E|\right) - \exp\left(\frac{\beta nF}{RT}|\Delta E|\right)\right] \qquad (1-35)$$

$$\Delta E = E - E_{corr} \qquad (1-36)$$

$$i_{corr} = nFKc\left(\frac{c_0}{c_R}\right)^{-\alpha} = nFKc_0^{1-\alpha}C_R^{\alpha} \qquad (1-37)$$

式中　　ΔE ——腐蚀电极的极化值；

　　　　E ——腐蚀电极的电极电势；

　　　E_{corr} ——腐蚀电位；

　　　　i ——电流；

　　　i_{corr} ——腐蚀电流；

　　$\alpha,\ \beta$ ——电子传递系数，$\alpha+\beta=1$；

　　　　F ——法拉第常数；

　　　　R ——气体常数；

　　　　T ——温度；

　　　　n ——电极反应电子数；

　　　　K ——电极反应速度常数；

　　$c_0,\ c_R$ ——分别为氧化态粒子 O 和还原态粒子 R 在界面层中的浓度。

当 $i \geq i_{corr}$ 时，式（1-36）可简化为 Tafel 公式：

对于阴极极化有：

$$\Delta E = \frac{-2.303RT}{\alpha nF}\lg i_{corr} + \frac{2.303RT}{\alpha nF}\lg i \qquad (1-38)$$

对于阳极极化有：

$$\Delta E = \frac{-2.303RT}{\alpha\beta F}\lg i_{corr} + \frac{2.303RT}{\alpha\beta F}\lg(-i) \qquad (1-39)$$

用 $|\Delta E| - \lg|i|$ 作图，即得 Tafel 直线。将两条阴、阳极 Tafel 曲线做切线得一交点，交点的横坐标为 $\lg i_{corr}$，纵坐标为 E_{corr}，据此可求得腐蚀电位 E_{corr} 和腐蚀电流 i_{corr}，如图 1-4 所示。

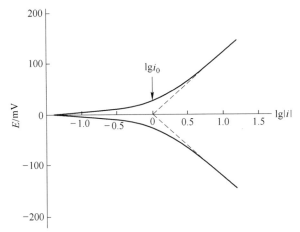

图 1-4 Tafel 曲线求腐蚀电位 E_{corr} 和腐蚀电流 i_{corr} 示意图

阳极极化、阴极极化 Tafel 直线的斜率分别为：

$$b_c = \frac{-2.303RT}{\beta nF} \qquad (1-40)$$

$$b_a = \frac{2.303RT}{\alpha nF} \qquad (1-41)$$

1.3.3 恒电势阶跃

对处于平衡电位的电极突然施加一个小幅度的电位 ΔE 阶跃，此时浓差极化可以忽略不计，电极处于电荷传递过程控制，同时测量电极电流随时间的变化，得到一个电流-时间（i-t）关系曲线，如图 1-5 所示。这一方法称为计时电流法或计时安培法。选择合适的电势范围，使得该电势范围内电极接近理想极化电极，尽量避免副反应的发生，则双电层充电量 Q 可由 i-t 曲线的积分得到：

$$Q = \int i \mathrm{d}t \tag{1-42}$$

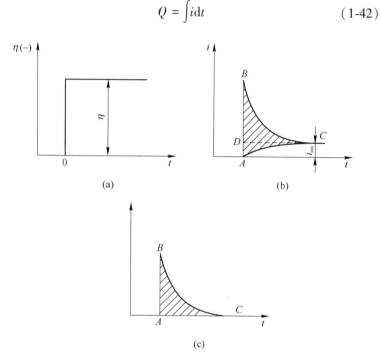

图 1-5　小幅度电位阶跃信号和电流相应信号曲线

（a）小幅度电位阶跃信号；（b），（c）电流相应信号曲线

1.3.4　交流阻抗法

用小幅度正弦波交流电信号使电极极化，同时测量其相应的方法称为交流阻抗法。交流阻抗法不仅对电极表面的扰动少，而且能提供较丰富的有关电极/溶液界面电化学反应机理的信息，在电化学研究中应用日益广泛。特别是在研究复杂电化学反应机理时，如

涉及电极表面吸附态的电极过程，交流阻抗法是非常有效的实验手段之一。虽然交流阻抗谱（EIS）技术是腐蚀电化学测量的一个重要手段，在一些阻抗谱图比较简单、电化学参数的数学物理意义比较明确的简单电化学反应（如电池的反应）中应用广泛，但是由于复杂电化学反应的交流阻抗的数学表达式相当复杂，各电化学参数和阻抗图谱的谱学特征一直未得到满意的解决，限制了交流阻抗谱法的应用。

近十年来，交流阻抗谱学解释及其电化学参数解析等一系列实践和理论问题获得了长足的发展。统一的普遍适用的换算电路、具有普遍适用性的不可逆电极法拉第导纳的数学表达式和具有明确物理意义的 EIS 电化学参数等被提出来，增强了人们对复杂电极过程本质的认识。因此，最近几年，交流阻抗法及其谱学分析在固体/溶液体系的吸附和成膜过程、表面腐蚀和防腐、电极表面的电化学反应及自组装等方面的应用，报道较多。

电化学技术能提供矿物/溶液界面作用的电化学机理和过程动力学等非常有价值的信息，构成了硫化矿物浮选电化学的主要研究方法。但这些方法缺乏矿物表面分子形态的明确信息，因此，原位（in situ）和非原位（ex situ）光谱技术同电化学方法结合，提供矿物表面元素/分子组成、原子几何和界面电子结构的信息。原位技术对矿物/溶液界面研究而言，更具有说服力。这些光谱表面分析技术包括经典的吸附研究方法如紫外、可见光谱，应用最为广泛的 FTIR 和 XPS，此外，还有俄歇电子能谱（AES, auger electron spectroscopy）、X 射线吸收光谱（XAS, Xray adsorption spectroscopy）、紫外光电子能谱（UPS-UV, photoelectron spectroscopy）、低能电子衍射（LEED, low energy electron diffraction）、次级离子质谱（SIMS, secondary ion mass spectroscopy）技术、STM 和拉曼光谱等。它们主要用于捕收剂在矿物表面吸附或去吸附的动力学以及检测在溶液中捕收剂的形态与残留量，这些方法仍然是研究吸附的有效方法。

20 世纪 80 年代以来，人们在应用电化学方法研究浮选电化学的同时，开始利用量子化学理论和方法来研究硫化矿浮选电化学，它从微观结构的角度来分析电子转移与矿物表面分子结构、键合状态之间的关系。Takahashi 采用分子轨道法研究了乙基巯苯骈噻唑的电子和键合状态及其在黄铁矿表面的吸附，考察了吸附趋势；Yamaguchi 利用量子化学分子轨道法研究了黄铁矿-硫醇苯噻唑体系的相互作用，提出了电子轨道转移的微观机理；Schukarew 认为黄药在方铅矿表面的吸附是亚单分子吸附，提出了分子轨道转移的吸附机理；丁敦煌等人利用量子化学研究了硫化矿物表面的共价键特性和电子迁移能力，认为硫化矿物无捕收剂浮选性能受表面结构和表面电荷的控制。王淀佐教授及其学术梯队，运用量子化学方法研究了硫化矿电位调控浮选行为，认为硫化矿物具有不同的电化学调控浮选机理和微观模型，硫化矿与捕收剂及氧化剂之间的反应遵循分子轨道原则，电子交换应遵循量子化学的能量相近及对称性匹配原则。这些对浮选电化学理论是一个重要的补充和发展。

2 试验试样及研究方法

2.1 试样来源及制备

试验采用的镍黄铁矿富矿块取自吉林磐石红旗岭铜镍矿,黄铜矿取自江西大余,富矿块经手工挑选过多次手选除杂,无铁质污染的破碎,多次摇床重选、磁选后提纯,磨矿、干式筛分并密封保存。电化学实验所用镍黄铁矿电极和黄铜矿电极由-0.038mm 矿物颗粒与石墨和石蜡按 8:1:1 比例压制而成。将矿粉和石墨混合均匀,等固体石蜡在烧杯中加热熔化后,快速倒入已混合均匀的矿粉和石墨并搅拌均匀后,立即压入制样模具中,并用抗压强度试验机加压压片,保持静压 42MPa、10min,取出后放入预先准备好的树脂套中以备测试。

镍黄铁矿、黄铜矿多元素分析结果、单矿物 XRD 分析图谱和所制矿物电极见表 2-1 和图 2-1~图 2-3。

表 2-1　矿物含量及多元素分析结果

矿物名称	元素含量/%				矿物含量 /%	矿物产地
	Cu	Ni	Fe	S		
黄铜矿	33.24	—	—	—	96.18	江西大余
镍黄铁矿	0.37	31.05	30.21	33.01	94.26	吉林磐石

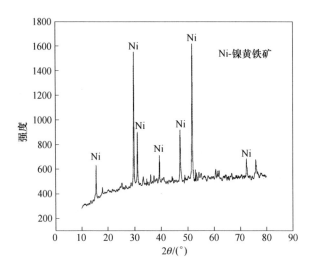

图 2-1 镍黄铁矿 XRD 分析图谱

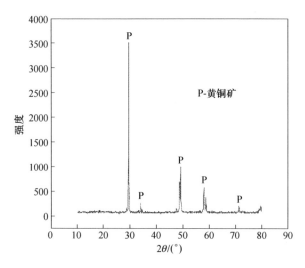

图 2-2 黄铜矿 XRD 分析图谱

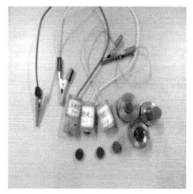

图 2-3 实验矿物电极

2.2 试验试剂及主要设备

2.2.1 试验试剂

（1）捕收剂丁基钠黄药为工业纯，其他为分析纯。

（2）电化学试验用水为二次蒸馏水，试验所用溶液为预先配制好的 pH 缓冲溶液。

试验所用化学试剂见表 2-2。

表 2-2 试验使用的化学药剂

药剂名称	分子式	规格	来 源	用途
硝酸钾	KNO_3	AR	郑州瑞尔化工产品有限公司	电化学试验
氢氧化钠	$NaOH$	AR	衢州新诚化工有限公司	调整剂
磷酸二氢钾	KH_2PO_4	AR	郑州瑞尔化工产品有限公司	调整剂
邻苯二甲酸氢钾	$HOOC_7H_4COOK$	AR	郑州瑞尔化工产品有限公司	调整剂
磷酸氢二钠	$Na_2HPO_4 \cdot 12H_2O$	AR	郑州瑞尔化工产品有限公司	调整剂
硼砂	$Na_2B_4O_7$	AR	郑州瑞尔化工产品有限公司	调整剂
丁基黄药	$C_4H_9OCSSNa$	AR	湖南明珠选矿药剂有限公司	捕收剂

2.2.2 试验设备及仪器

试验所用的主要仪器见表 2-3。

表 2-3 试验使用的主要仪器设备

仪器设备名称	型　号	用　途
干燥箱	DHG-9023 型真空干燥箱	试验矿样干燥
摇床	XZY-1100×500 系列	纯矿物提纯
玛瑙磨	—	纯矿物研磨
电子秤	JA1003 实验室精密电子天平秤	矿物及药剂称重
Zeta 电位分析仪	JS94H 型微电泳仪	电位测定
标准筛	泰勒标准筛	分级、筛析
抗压强度试验机	SKE-5KN 数显式抗压强度试验机	矿物电极制备
电化学工作站	PGSTAT 302F	电化学试验

pH 缓冲溶液及相应配制试剂见表 2-4。

表 2-4 缓冲溶液的配方

pH 值	分子式	品　级
4.0	$HOOC_7H_4COOK$	分析纯
6.86	$KH_2PO_4 + Na_2HPO_4$	分析纯
9.18	$Na_2B_4O_7$	分析纯
12.40	$NaOH$	分析纯

2.3 研究方法

2.3.1 电化学测试

以 0.1mol/L KNO_3 溶液作为支持电解质，水为二次蒸馏水，试验所用溶液为预先调制好的 pH 缓冲溶液。电化学试验采用三电极系统，工作电极为所制矿物电极，辅助电极为铂电极，参比电极为饱和甘汞电极。硫化矿物电极为一圆柱体，直径 12mm，厚度 3mm，放入特制的圆柱形树脂电极套中，每次测量前，用不同型号的砂纸将电极表面逐级打磨至光滑，用蒸馏水清洗，以更新工作面。瑞士万通公司的 Autolab 电化学工作站，循环伏安测试、Tafel 曲线、计时电流均采用 GPES 通用电化学软件。循环伏安测试起始扫描电位设定为负值，扫描速度为 20mV/s。Tafel 曲线扫描速度为 2mV/s，每次测量完成后，用计算机内电化学分析软件对结果进行分析并记录相关参数。电化学测试连接示意图如图 2-4 所示。计算机装有 GPES 通用电化学软件。

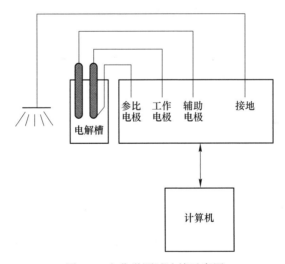

图 2-4　电化学测试连接示意图

2.3.2　红外及紫外光谱测试

称取单矿物浮选试验矿样 0.7g，用超声波清洗器清洗后加入到 20mL 含有相应药剂的缓冲溶液中，静置 10min，过滤，干燥，干燥后取 1mg 左右样品用玛瑙研钵研磨成粉末与溴化钾（SP 级）粉末（约 80g）混合均匀，装入模具中压片后放入 AVATAR 370 红外光谱仪中进行红外测试。过滤后的溶液在 HeliosAlpha&Beta 双束光紫外分析测试仪进行紫外测试，导出波形曲线数据，根据曲线分析药剂在矿物表面的吸附规律。

2.3.3 浮选试验

单矿物浮选试验在 XFGC-80 型 25mL 挂槽式浮选机中进行。每次矿样重 5g，用 JCX-50W 型超声波清洗机清洗表面 10min 澄清，倒去上面的悬浮液，将相应 pH 值的缓冲溶液加入到 25mL 挂槽浮选机中，根据实验要求依次加入浮选药剂（用盐酸或石灰调整矿浆 pH 值），加起泡剂前，测量矿浆电位。起泡剂 2 号油用量为 10mg/L，矿浆电位采用氧化还原剂过硫酸铵和硫代硫酸钠调节，矿浆 pH 值与矿浆电位采用意大利哈纳 pH211A 型酸度离子计，用铂电极和甘汞电极组成电极对，测量的电位数值均换算为标准氢标电位。浮选时间为 4min。单矿物浮选试验流程如图 2-5 所示。

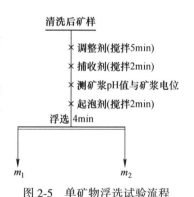

图 2-5　单矿物浮选试验流程

单矿物浮选判据为回收率 R：

$$R = \frac{m_1}{m_1 + m_2} \times 100\% \quad (2-1)$$

式中，m_1 与 m_2 分别为泡沫产品和槽内产品质量。

3 铜镍硫化矿物的表面氧化

硫化矿物在溶液中的氧化是一个电化学过程，硫化矿物中的硫易从一般最低的 −2 价发生氧化生成其他高价态（S^0、$S_2O_3^{2-}$、SO_4^{2-} 或 MS_x）。硫化矿物表面的亲水-疏水平衡受硫化矿物表面氧化的程度及其产物类型所决定，并直接影响到硫化矿的可浮性。本章从热力学分析和电化学测试来研究硫化矿物的表面氧化[34~39]。

3.1 铜镍硫化矿物表面氧化的热力学分析

硫化矿具有半导体性质，在溶液中可作为一个电极参与氧化还原反应，其表面氧化为电化学反应过程，因此可建立硫化矿物在溶液体系中表面氧化的 E_h-pH 图，描述其电化学溶液平衡。

3.1.1 热力学条件

对于一个简单的氧化还原反应：

$$R \longrightarrow O + ne \tag{3-1}$$

反应的热力学平衡电位为：

$$E_h = E_h^{\ominus} + \frac{2.303RT}{nF} \lg \frac{[O]}{[R]} \tag{3-2}$$

其中：

$$E_h^{\ominus} = -\frac{\Delta G^{\ominus}}{nF} \tag{3-3}$$

式中 [O]——氧化物的浓度；

     [R]——还原物的浓度；

     $\Delta G^{\ominus}$——标准吉布斯自由能变化；

     F——法拉第常数，

     R——气体常数；

     T——温度。

根据有无电子和 H^+ 参与，在水溶液中进行的反应可分为以下几种类型：

（1）有电子无 H^+ 参加的反应：

$$a O + n e \longrightarrow b R$$

反应自由能变化为：$\Delta G = \Delta G^{\ominus} + RT \ln \dfrac{a_R^b}{a_O^a}$ （3-4）

由电化学热力学可知：$\Delta G = - n E_h F$

$$E_h = E_h^{\ominus} + \frac{2.303 RT}{nF} \lg \frac{a_O^a}{a_R^b} \quad \left(E_h^{\ominus} = - \frac{\Delta G^{\ominus}}{nF} \right) \quad (3-5)$$

（2）无电子有 H^+ 参加的反应：

$$a A + m H^+ \Longrightarrow b B + c H_2 O \qquad\qquad (3-6)$$

$$\Delta G = \Delta G^{\ominus} + RT \ln \frac{a_B^b}{a_A^a a_{H^+}^m} \qquad\qquad (3-7)$$

反应达到平衡时 $\Delta G = 0$

$$\Delta G^{\ominus} = - RT \ln \frac{a_B^b}{a_A^a a_{H^+}^m} = - 2.303 RT \lg \frac{a_B^b}{a_A^a a_{H^+}^m} = - 2.303 RT \lg \left(\frac{a_B^b}{a_A^a} + m\mathrm{pH} \right)$$

则 $\mathrm{pH} = \mathrm{pH}^{\ominus} - \dfrac{1}{m} \lg \dfrac{a_B^b}{a_A^a}$ $\left(\mathrm{pH}^{\ominus} = - \dfrac{\Delta G^{\ominus}}{2.303 RT} \right)$ （3-8）

（3）有电子也有 H^+ 参加的反应：

$$a O + m H^+ + n e = b R + c H_2 O \qquad\qquad (3-9)$$

反应的电极电位表达式为:

$$E_h = E_h^\ominus - \frac{m}{n}\frac{2.303RT}{F}\text{pH} + \frac{2.303RT}{nF}\lg\frac{a_O^a}{a_R^b} \qquad (3\text{-}10)$$

3.1.2 镍黄铁矿在水系中表面氧化的 E_h-pH 关系

由于体系氧化气氛的不同,使硫化矿物表面发生氧化反应的类型及其氧化产物组成存在差异,主要是由于硫化矿物中一般处于最低的-2 价氧化态的硫,易氧化成其他高价态(S^0、$S_2O_3^{2-}$、SO_4^{2-} 或 MS_x),从热力学角度分析,-2 价氧化态的硫氧化成其他高价态的反应,氧化成 SO_4^{2-} 所需的电位最小,理应优先发生,但电化学研究表明生成 SO_4^{2-} 的反应存在反应势垒。因此,生成 SO_4^{2-} 的实际电位曲线应上移。同样的,$S_2O_3^{2-}$ 的氧化生成也存在反应势垒。本文在绘制硫化矿物的 E_h-pH 图时,涉及 SO_4^{2-}、$S_2O_3^{2-}$ 的生成反应,都加上了 0.5 V 过电位。

表 3-1 为绘制 $Fe_{4.5}Ni_{4.5}S_8$-H_2O 体系和 $CuFeS_2$-H_2O 体系的 E_h-pH 图所涉及的相关物质的热力学数据。

表 3-1 涉及的各物质热力学数据

化 学 式	物质状态	$\Delta G_{298K}^\ominus / kJ \cdot mol^{-1}$
H_2O	l	-237.129
Fe^{3+}	aq	-4.7
Fe^{2+}	aq	-78.87
S	s	0
H^+	aq	0
OH^-	aq	-157.30
$Fe(OH)_2$	s	-705

化 学 式	物质状态	$\Delta G_{298K}^{\ominus}/kJ \cdot mol^{-1}$
$Fe(OH)_3$	s	-490
SO_4^{2-}	aq	-744.53
FeS	s	-100.4
HS^-	aq	12.05
H_2S	aq	-27.87
HSO_4^-	aq	-755.91
$S_2O_3^{2-}$	aq	-522.5
CuS	s	-53.6
$CuFeS_2$	s	-175.142
Cu^{2+}	aq	65.49
Cu_2S	s	-86.2
$Cu(OH)_2$	s	-373.0
Ni^{2+}	aq	-45.6
$Ni(OH)_2$	aq	-477.3
$Fe_{4.5}Ni_{4.5}S_8$	s	-813.0

假定体系中的可溶性组分浓度为 1.0×10^{-4} mol/L，在 25℃、1.013×10^5 Pa 条件下，$Fe_{4.5}Ni_{4.5}S_8$-H_2O 体系中可能存在以下平衡关系：

$$Fe_{4.5}Ni_{4.5}S_8 \Longrightarrow 4.5Ni^{2+} + 4.5Fe^{2+} + 8S^0 + 18e$$

$$E_h = 0.1456 + 0.0148lg[Ni^{2+}][Fe^{2+}] = 0.0272 \ V \quad (3-11)$$

$$Fe^{2+} + 3H_2O \Longrightarrow Fe(OH)_3 + 3H^+ + e$$

$$E_h = 0.8836 - 0.1775pH - 0.0592lg[Fe^{2+}] = 1.1204 - 0.1775pH$$

$$(3-12)$$

$$Fe_{4.5}Ni_{4.5}S_8 + 13.5H_2O \Longrightarrow 4.5Fe(OH)_3 + 4.5Ni^{2+} +$$

$$8S^0 + 13.5H^+ + 22.5e$$

$$E_h = 0.2933 - 0.0355pH + 0.0118lg[Ni^{2+}] = 0.2461 - 0.0355pH \tag{3-13}$$

$$Fe_{4.5}Ni_{4.5}S_8 + 22.5H_2O \Longrightarrow 4.5Ni(OH)_2 + 4.5Fe(OH)_3$$
$$+ 8S^0 + 22.5H^+ + 22.5e$$

$$E_h = 0.4436 - 0.0592pH \tag{3-14}$$

$$Fe_{4.5}Ni_{4.5}S_8 + 32H_2O \Longrightarrow 4.5Ni^{2+} + 4.5Fe^{2+} + 8SO_4^{2-} + 64H^+ + 66e \tag{3-15}$$

$$E_h = 0.2960 - 0.0574pH + 0.0072lg[Ni^{2+}][Fe^{2+}] +$$
$$0.0128lg[SO_4^{2-}] = 0.1872 - 0.0574pH$$

$$Ni^{2+} + 2H_2O \Longrightarrow Ni(OH)_2 + 2H^+ + 38.5e$$

$$pH = 6.3550 - 0.5 lg[Ni^{2+}] = 8.355 \tag{3-16}$$

$$Fe^{2+} \Longrightarrow Fe^{3+} + e$$

$$E_h = 0.769 + 0.0592 lg\frac{[Fe^{3+}]}{[Fe^{2+}]} = 0.769 \tag{3-17}$$

$$Fe^{3+} + 3H_2O \Longrightarrow Fe(OH)_3 + 3H^+$$

$$pH = 0.6474 - 0.333 lg[Fe^{3+}] = 1.98 \tag{3-18}$$

$$Fe_{4.5}Ni_{4.5}S_8 + 54.5H_2O \Longrightarrow 4.5Ni(OH)_2 + 4.5Fe(OH)_3 +$$
$$8SO_4^{2-} + 86.5H^+ + 70.5e$$

$$E_h = 0.3815 - 0.0726pH + 0.0067 lg[SO_4^{2-}] = 0.3547 - 0.0726pH \tag{3-19}$$

从图 3-1 中可知:

(1) 若不考虑 SO_4^{2-} 生成时的势垒,镍黄铁矿在水体系中氧化生成 SO_4^{2-} 反应的热力学平衡电位随着 pH 值升高而降低,越易进行。一定电位条件下,镍黄铁矿表面的氧化反应过程及氧化产物类型随 pH 值的变化而不同。

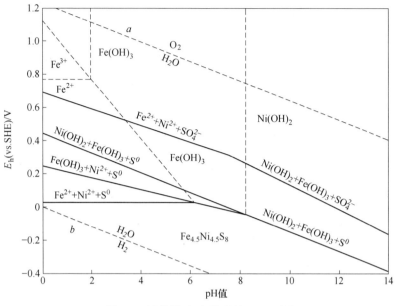

图 3-1 镍黄铁矿-水体系的 E_h-pH 图

当 pH < 11.02，氧化产物为 $Ni^{2+} + Fe^{2+} + SO_4^{2-}$（式（3-15））；

当 pH > 11.02，氧化产物为 $Ni(OH)_2 + Fe(OH)_3 + SO_4^{2-}$（式（3-19））。

（2）若考虑 SO_4^{2-} 生成时的势垒，则生成 SO_4^{2-} 的电位线应上移，此时，镍黄铁矿在水溶液中首先氧化释放出 Ni^{2+} 和 Fe^{2+}，并生成疏水性的单质硫，同时稳态硫存在的区域也将进一步扩大。此时，镍黄铁矿表面的氧化反应类型和产物种类随 pH 值的变化分别为：

pH < 6.1，氧化产物为 $Ni^{2+} + Fe^{2+} + S^0$（式（3-11））；

6.1 < pH < 7.2，氧化产物为 $Fe(OH)_3 + Ni^{2+} + S^0$（式（3-13））；

7.2 < pH < 11.2，氧化产物为 $Fe(OH)_3 + Ni(OH)_2 + S^0$（式（3-14））；

pH > 11.2，氧化产物为 $Ni(OH)_2 + Fe(OH)_3 + SO_4^{2-}$（式（3-19））。

黄铜矿在水体系中可能存在以下平衡关系：

$$CuFeS_2 + 3H_2O \Longrightarrow CuS + Fe(OH)_3 + S^0 + 3H^+ + 3e$$

$$E_h = 0.442 - 0.0592pH \tag{3-20}$$

$$CuS \Longrightarrow Cu^{2+} + S^0 + 2e$$

$$E_h = 0.6171 + 0.0296\lg[Cu^{2+}] = 0.4987V \tag{3-21}$$

$$CuFeS_2 + 5H_2O \Longrightarrow Cu(OH)_2 + Fe(OH)_3 + 2S^0 + 5H^+ + 5e$$

$$E_h = 0.5862 - 0.0592pH \tag{3-22}$$

$$CuFeS_2 \Longrightarrow CuS + Fe^{2+} + S^0 + 2e$$

$$E_h = 0.2211 + 0.0296\lg[Fe^{2+}] = 0.1027V \tag{3-23}$$

$$CuFeS_2 \Longrightarrow Cu^{2+} + Fe^{2+} + 2S^0 + 4e$$

$$E_h = 0.4191 - 0.0296pH + 0.0148\lg[Fe^{2+}][Cu^{2+}] = 0.3007V$$

$$\tag{3-24}$$

$$CuFeS_2 + 7H_2O \Longrightarrow CuS + Fe(OH)_3 + SO_4^{2-} + 11H^+ + 9e$$

$$E_h = 0.3822 - 0.0724pH + 0.0066\lg[SO_4^{2-}] = 0.356 - 0.0724pH$$

$$\tag{3-25}$$

$$2CuFeS_2 + 12H_2O \Longrightarrow Cu_2S + 2Fe^{2+} + 3SO_4^{2-} + 24H^+ + 22e$$

$$E_h = 0.3384 - 0.0646pH + 0.054\lg[Fe^{2+}] + 0.0081\lg[SO_4^{2-}]$$

$$= 0.2844 - 0.0646pH \tag{3-26}$$

由上述反应绘制的黄铜矿在水体系中的 E_h-pH 图，如图 3-2 所示。

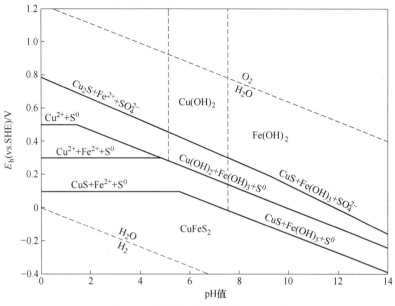

图 3-2 黄铜矿-水体系的 E_h-pH 图

图 3-1 和图 3-2 分别给出了镍黄铁矿和黄铜矿在水体系中氧化的 E_h-pH 图。从图中可知，在合适的矿浆电位条件下，镍黄铁矿等矿物在整个 pH 值范围内都有可能氧化生成单质硫，但是随着 pH 值的增大，单质硫稳定存在的区间减小。

根据硫化矿浮选电化学理论，单质硫的生成代表着硫化矿表面开始疏水，高价硫化物（ $S_2O_3^{2-}$ 、 SO_4^{2-} ）的生成则代表硫化矿表面开始亲水，如果以生成硫单质代表浮选开始，以产生 $S_2O_3^{2-}$ 或 SO_4^{2-} 的反应为浮选抑制，由图 3-1 和图 3-2 可预测镍黄铁矿等硫化矿物无捕收剂浮选时在不同 pH 值条件下的电位区间，（见表 3-2）。因此，通过对比两种硫化矿氧化生成疏水性单质硫的电位和 pH 值差异，即可从热力学方面考察两者实现无捕收剂浮选分离的可能性。镍黄铁矿和黄铜矿无捕收剂条件下表面氧化生成疏水性单质硫

的 E_h-pH 区域如图 3-3 所示。

表 3-2 由 E_h-pH 图预测的硫化矿物无捕收剂浮选电位区间

矿物名称	电位区间	pH 值				
		2	4	6	9	11
镍黄铁矿	电位下限/V	0.0272	0.0272	0.0272	−0.0734	−0.1444
	电位上限/V	0.5724	0.4576	0.3428	0.2946	0.1516
黄铜矿	电位下限/V	0.1027	0.1027	0.0868	−0.0908	−0.2092
	电位上限/V	0.6552	0.526	0.3968	0.2360	0.0594

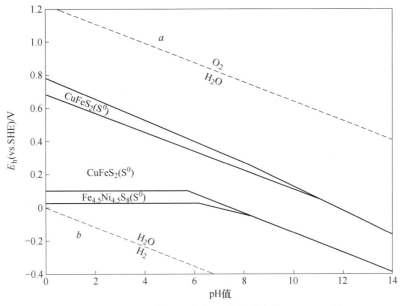

图 3-3 镍黄铁矿-黄铜矿氧化生成单质硫的 E_h-pH 区域

由图 3-3 可知,在酸性溶液中,电位因素对单质硫氧化生成影响要大于 pH 值。在酸性条件下,单质硫、高价硫化物（$S_2O_3^{2-}$、SO_4^{2-}）的生成反应需要更高的电位,而在碱性条件下,在更低的电位条件下就可发生反应生成上述反物质,表明碱性条件下,硫化矿更容易发生氧化反应。从两者的 E_h-pH 图还可知，从电位因素考虑，在酸性条件下，镍黄铁矿在较低电位条件下就容易发生氧化生成单质硫，生成的单质硫也更容易在较低的电位条件下深度氧化为高价硫化物，即镍黄铁矿在酸性条件下生成单质硫的热力学稳定电位下限和上限均比黄铜矿更低；而在 pH 值大于 10.0 的碱性介质中，两者氧化生成单质硫的电位稳定区间相差不大。因此，从热力学的角度分析，镍黄铁矿和黄铜矿在 pH 值小于 10.0 时，通过两者氧化生成单质硫的热力学稳定电位区间差异，利用电位调控可较好地实现镍黄铁矿和黄铜矿的无捕收剂分离。

E_h-pH 图是从热力学性质方面对硫化矿物在溶液体系中表面氧化的发生趋势进行推测，并可预测其生成产物稳定存在的电位与 pH 值条件。但是，E_h-pH 曲线也存在局限性：（1）矿物浮选体系是有限的；（2）硫化矿物在浮选体系中表面的氧化产物具有不确定性，难以通过单独某一种氧化产物来确定其氧化表面的性质。但在绘制 E_h-pH 曲线时，假定反应体系是无限大的，同时假定反应产生的组分热力学上足够稳定，因此，E_h-pH 曲线虽与矿物实际的浮选情况存在差异，但其对硫化矿浮选机理理论研究、硫化矿浮选电化学调控提供了很好的理论基础。

3.2 铜镍硫化矿物表面氧化的电化学研究

3.2.1 镍黄铁矿表面氧化的电化学研究

图 3-4 为镍黄铁矿电极在不同 pH 值缓冲溶液中，以 20mV/s 的扫描速度从 -1.0V 开始正向扫描的循环伏安曲线。

从图 3-4 中可得，阳极电流随着 pH 值的增加而增大，这与 E_h-pH 升高，同一电位下氧化加剧的结论一致。结合镍黄铁矿氧化

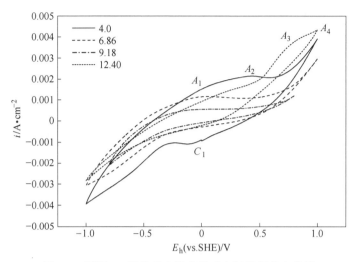

图 3-4 不同 pH 值体系中镍黄铁矿电极循环伏安曲线

的热力学研究，对曲线图进行分析可知：

（1）在 pH 值为 4.0 的溶液中，镍黄铁矿在电位 $E_h = 0$ 左右出现初始氧化峰 A_1，其可能对应的反应为：

$$Fe_{4.5}Ni_{4.5}S_8 \rightleftharpoons 4.5Ni^{2+} + 4.5Fe^{2+} + 8S^0 + 18e$$

$$E_h = 0.0272V \tag{3-11}$$

由热力学计算该反应的热力学平衡电位为 27.2mV，与循环伏安图 3-4 中测得的 0V 较接近，因此峰 A_1 是对应着式（3-11）反应在镍黄铁矿电极表面发生，故在氧化反应初期，Ni^{2+} 和 Fe^{2+} 从矿物表面氧化释放，同时生成了疏水性的单质硫。

随着扫描的继续，镍黄铁矿电极在 $E_h = 0.4V$ 左右出现氧化峰 A_2，可能对应的反应为 Fe^{2+} 进一步氧化为 $Fe(OH)_3$：

$$Fe^{2+} + 3H_2O \rightleftharpoons Fe(OH)_3 + 3H^+ + e$$

$$E_h = 0.8836 - 0.1775pH - 0.0592\lg[Fe^{2+}] = 1.1204 - 0.1775pH$$

$$\tag{3-27}$$

pH 值为 4.0 时，式（3-27）的 E_h 为 0.4104V，与图 3-4 中氧化峰 A_2 形成时的电位相近。所以确定氧化峰 A_2 对应于反应（3-27）的发生。

当电位继续升高时，电极表面出现一个急剧上升的氧化峰 A_4，此时在电极表面可能发生的反应为前期氧化生成的单质硫发生深度氧化，生成 $S_2O_3^{2-}$、SO_4^{2-} 等高价硫化物，其反应通常为：

$$Fe_{4.5}Ni_{4.5}S_8 + 34.5H_2O = 4.5Ni(OH)_2 + 4.5Fe(OH)_3 +$$
$$4S_2O_3^{2-} + 46.5H^+ + 38.5e$$
$$E_h^{\ominus} = 0.6521V \qquad (3-28)$$

$$Fe_{4.5}Ni_{4.5}S_8 + 54.5H_2O = 4.5Ni(OH)_2 + 4.5Fe(OH)_3 +$$
$$8SO_4^{2-} + 86.5H^+ + 70.5e$$
$$E_h^{\ominus} = 0.6673V \qquad (3-29)$$

阴极扫描中，检测到明显的起始还原峰 C_1，其对应的 E_h 为 0V 左右，可能为前期阳极氧化生成的金属氢氧化物被还原为更低价态的金属氢氧化物或金属盐。

$$Fe(OH)_3 + H^+ + e = Fe(OH)_2 + H_2O$$
$$E_h^{\ominus} = -0.0074V \qquad (3-30)$$

（2）在 pH 值为 6.86 的溶液中，阳极扫描在 E_h 为 0V 左右出现氧化峰后，继续正向扫描，阳极电流密度下降，从图 3-4 中曲线可知，电极此时发生了强烈的自身氧化，氧化产物在电极表面吸附形成了致钝层阻滞了电子的传导，其对应的反应可能为式（3-11），大量氧化生成的疏水性单质硫在电极表面形成了覆盖。

继续正向扫描，在 $E_h = 0.5V$ 左右，阳极电流密度又逐渐增大，表明镍黄铁矿电极表面的致钝层开始逐渐消除，其对应的是前期氧化吸附在矿物表面的疏水性单质硫发生了进一步深度氧化，深度氧化产物亲水，电子在电极表面的传导受阻逐渐解除，电流密度增大。

$$Fe_{4.5}Ni_{4.5}S_8 + 34.5H_2O \Longrightarrow 4.5Ni(OH)_2 + 4.5Fe(OH)_3 +$$
$$4S_2O_3^{2-} + 46.5H^+ + 38.5e$$
$$E_h^\ominus = 0.448V \tag{3-31}$$

（3）在 pH 值为 9.18 的溶液中，循环伏安曲线在 $E_h = -0.15V$ 左右出现明显阳极氧化峰。随着电位继续增加，阳极电流密度几乎不变，此时通过镍黄铁矿电极的电流是最小的，表明此时在镍黄铁矿表面因自身氧化所形成的疏水性致钝层是最致密的，亦即自身氧化程度进一步增加，阻滞电子的传导，此时的氧化反应为：

$$Fe_{4.5}Ni_{4.5}S_8 + 22.5H_2O \Longrightarrow 4.5Ni(OH)_2 +$$
$$4.5Fe(OH)_3 + 8S^0 + 22.5H^+ + 22.5e$$
$$E_h^\ominus = -0.10V \tag{3-32}$$

在随后的阳极扫描过程中，在 $E_h = 0.37V$ 左右，阳极电流密度开始增大，此时镍黄铁矿电极表面氧化形成的钝化层发生了消除，单质硫将进一步氧化成亲水性高价硫化物，电子传导增强，电流密度增加，其对应的反应可能为：

$$Fe_{4.5}Ni_{4.5}S_8 + 34.5H_2O \Longrightarrow 4.5Ni(OH)_2 + 4.5Fe(OH)_3 +$$
$$4S_2O_3^{2-} + 46.5H^+ + 38.5e$$
$$E_h^\ominus = 0.282V \tag{3-33}$$

（4）在 pH 值为 12.4 的强碱溶液中，阳极扫描电流随着电位增加持续增大，此时，在弱酸性及弱碱性条件下出现钝化现象的电位区间未出现钝化现象，表明在高碱介质中，低电位时镍黄铁矿电极表面就发生了比在其他 pH 值介质中更为强烈的自身氧化反应，其对应的反应可为：

$$Fe_{4.5}Ni_{4.5}S_8 + 22.5H_2O \Longrightarrow 4.5Ni(OH)_2 +$$
$$4.5Fe(OH)_3 + 8S^0 + 22.5H^+ + 22.5e$$
$$E_h^\ominus = -0.290V \tag{3-34}$$

低电位条件下生成的单质硫迅速发生深度氧化，此时在电极表面发生的氧化反应为：

$$Fe_{4.5}Ni_{4.5}S_8 + 34.5H_2O \Longrightarrow 4.5Ni(OH)_2 + 4.5Fe(OH)_3 +$$

$$4S_2O_3^{2-} + 46.5H^+ + 38.5e$$

$$E_h^\ominus = 0.052V \tag{3-35}$$

综上可知，在无捕收剂体系中，疏水性单质硫和金属氢氧化物在镍黄铁矿表面发生阳极氧化，并阴极还原。pH 值越大，镍黄铁矿表面初始氧化产物单质硫发生深度氧化所需电位越低，强碱条件下镍黄铁矿越易发生强烈的自身氧化生成亲水性金属硫酸盐使矿物可浮性下降或不可浮。在 4.0 < pH < 9.18 时，镍黄铁矿表面容易发生适度氧化生成大量的单质硫，此时镍黄铁矿具有较好的疏水性。在 pH 值为 9.18 时，通过镍黄铁矿电极表面的电流密度是最小的，说明此时镍黄铁矿表面强烈的自身氧化形成的氧化产物在电极表面形成了最厚的致钝层。

3.2.2 黄铜矿表面氧化的电化学研究

图 3-5 为无捕收剂条件下，黄铜矿电极以 20mV/s 的扫描速度从 -1.0V 开始正向扫描的循环伏安曲线。

从图 3-5 中可见：

（1）当 pH 值为 4.0 时，阳极扫描时出现阳极峰 A_1，其所对应 $E_h = 0.05V$ 左右，对应于黄铜矿按式（3-36）发生氧化：

$$CuFeS_2 \Longrightarrow CuS + Fe^{2+} + S^0 + 2e$$

$$E_h^\ominus = 0.1027V \tag{3-36}$$

但是 CuS 并不是最终的氧化产物，生成的 CuS 将进一步发生深度氧化，随后出现的第二个阳极峰 A_2 即对应着 CuS 发生进一步

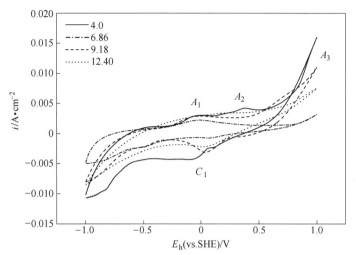

图 3-5 不同 pH 值体系中黄铜矿电极循环伏安曲线

氧化，该反应可能为：

$$2CuS + 3H_2O == 2Cu^{2+} + S_2O_3^{2-} + 6H^+ + 8e$$

$$E_h^{\ominus} = 0.256V \tag{3-37}$$

由循环伏安曲线可知阳极峰 A_2 的起始氧化电位约为 0.26V，因此峰 A_2 是黄铜矿电极表面发生反应（3-37）所形成的。

随着电位继续增加，阳极电流密度急剧增大，此时在电极表面可能发生的反应为前期氧化生成的单质硫发生深度氧化，生成高价硫化物的反应，其对应的反应可为：

$$CuFeS_2 + 7H_2O == CuS + Fe(OH)_3 + SO_4^{2-} + 11H^+ + 9e$$

$$E_h^{\ominus} = 0.566V \tag{3-38}$$

（2）从 pH 值为 6.86 循环伏安图上可知，出现阳极峰的电流密度比其他 pH 值明显更低，且一直呈减小趋势，表明在黄铜矿表面发生了强烈的自身氧化反应，生成的大量氧化产物吸附在电极表面形成了致密的致钝层，电子的传导受阻滞，出现电流钝化。此时其表面发生的氧化反应为：

$$CuFeS_2 + 3H_2O \rightleftharpoons CuS + Fe(OH)_3 + S^0 + 3H^+ + 3e$$

$$E_h^\ominus = 0.036V \tag{3-39}$$

与图 3-5 中氧化峰形成时的电位相近，继续正向扫描，电流密度不断减小，前期氧化产物 CuS 进一步深度氧化：

$$CuS \rightleftharpoons Cu^{2+} + S^0 + 2e$$

$$E_h^\ominus = 0.499V \tag{3-40}$$

电极表面覆盖黄铜矿前期氧化加上 CuS 发生深度氧化生成的大量疏水性单质硫，电子传导受到阻滞，电极出现电流钝化。电流在扫描电压达到 0.75V 左右开始增大，表明电极表面的钝化层开始出现消减，此时在电极表面发生的反应为单质硫在高电位条件下发生深度氧化生成 $S_2O_3^{2-}$、SO_4^{2-} 等高价硫化物。

(3) 在 pH 值为 9.18 阳极循环伏安扫描中，在 $E_h = -0.05V$ 左右出现阳极峰，可能对应式 (3-41)：

$$CuFeS_2 + 5H_2O \rightleftharpoons Cu(OH)_2 + Fe(OH)_3 + S^0 + 5H^+ + 5e$$

$$E_h = 0.5862 - 0.0592pH \tag{3-41}$$

pH 值为 9.18 时，式 (3-41) 的热力学电位为 0.043V，与图中阳极氧化峰起始电位相近，故该氧化峰对应式 (3-41)。继续扫描，在 0.3V 左右阳极电流急剧增大，先前生成的单质硫再次发生深度氧化，其反应可能为：

$$2CuFeS_2 + 9H_2O \rightleftharpoons 2CuS + 2Fe(OH)_3 + S_2O_3^{2-} + 12H^+ + 10e$$

$$E_h = 0.4373 - 0.071pH \tag{3-42}$$

考虑生成 $S_2O_3^{2-}$ 的过电位，式 (3-42) 反应的热力学平衡电位为 0.286V，与图 3-5 中 0.30V 相近。

(4) 从黄铜矿在 pH 值为 12.40 的高碱介质中循环伏安扫描曲线可知，阳极电流急速增大后在 $E_h = 0$ 左右趋于平缓，表明在强碱条件下黄铜矿表面自身氧化强烈，氧化产物在电极表面形成了钝化层，此时发生的氧化按式（3-43）进行：

$$CuFeS_2 + 7H_2O = CuS + Fe(OH)_3 + SO_4^{2-} + 11H^+ + 9e$$

$$E_h^\ominus = -0.042V \tag{3-43}$$

继续阳极扫描，在 $E_h = 0.21V$ 扫描到一个较弱的初始阳极氧化峰，其对应的反应为 CuS 继续发生深度氧化：

$$2CuS + 7H_2O = 2Cu(OH)_2 + S_2O_3^{2-} + 10H^+ + 8e$$

$$E_h^\ominus = 0.20V \tag{3-44}$$

结合前面对镍黄铁矿在无捕收剂条件下的循环伏安扫描曲线和热力学分析可知，镍黄铁矿和黄铜矿在 4.0 < pH < 9.18 时易在矿物表面氧化生成单质硫实现无捕收剂分离，在高碱介质中，两者表面易发生深度氧化，产生亲水性氧化产物难以分离。由两者的循环伏安扫描结果可知，在 pH 值为 6.86 时均在表面初期氧化生成了大量的疏水性单质硫，矿物表面疏水性最好，电子传导受滞，电流密度减小。继续增大扫描电压，疏水的单质硫深度氧化为亲水的高价硫化物，电子受滞逐渐减缓，电流密度逐渐增大。从两者在 pH 值为 6.86 条件下，初期氧化生成的疏水单质硫在高电位时发生深度氧化的电位区间差异可知，黄铜矿在 $0.45V < E_h < 0.70V$ 时，黄铜矿表面的深度氧化程度低于镍黄铁矿，此时黄铜矿的电流密度呈平缓减小趋势，表面依然覆盖厚厚的疏水硫层，而镍黄铁矿在此电位区间时，表面初期氧化生成的硫快速深度氧化，电流密度急速增大。故在 pH 值为 6.86 时，在 $0.45V < E_h < 0.70V$ 区间镍黄铁矿和黄铜矿可实现最佳的无捕收剂分离。同理，可知 pH 值为 9.18 时，镍黄铁矿表面发生了最为强烈的自身氧化，其反应产生的疏水硫层远厚于 pH 值为 6.86 时，表面疏水性最佳，电子受滞程度最高，同时，黄铜矿在此 pH 值条件下也在表面氧化生成大量单质硫，因两者表面单质硫发生深度氧化的电位区间相近，故在此 pH

值时较难实现无捕收剂分离。

3.2.3 pH 值对镍黄铁矿表面腐蚀的影响

对镍黄铁矿在不同 pH 值条件下的体系中进行动电位扫描以研究其在该体系中的电化学行为，扫描速度为 2mV/s。测定镍黄铁矿电极的 Tafel 曲线软件模板如图 3-6 和图 3-7 所示，E_{corr}、i_{corr}、阳极斜率 b_a、阴极斜率 b_c 等可直接经 Tafel 曲线软件对数据拟合后由计算机给出。

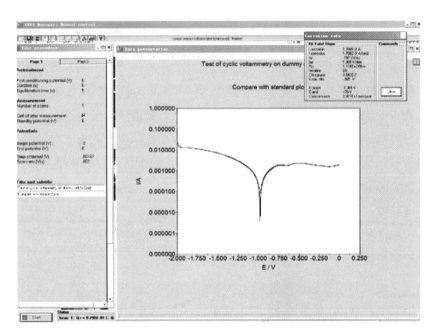

图 3-6 测定矿物电极的 Tafel 曲线软件模板

镍黄铁矿电极在无捕收剂体系中氧化的 Tafel 曲线及参数见图 3-8 和表 3-3。

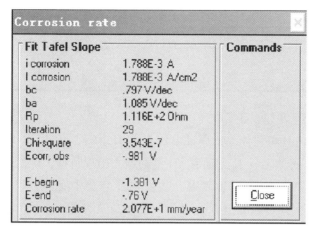

图 3-7 图 3-6 的局部放大图

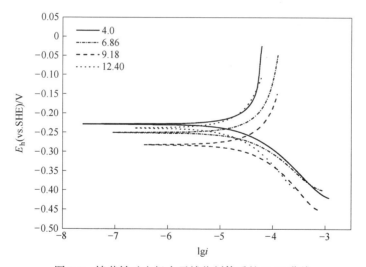

图 3-8 镍黄铁矿电极在无捕收剂体系的 Tafel 曲线

表 3-3 无捕收剂体系镍黄铁矿电极的 Tafel 参数

pH 值	E_{corr}(vs. SHE)/V	$I_{corr}/\mu A \cdot cm^{-2}$	阳极斜率 b_a	阴极斜率 b_c
4.0	−0.236	33.895	2.805	0.607
6.86	−0.250	36.20	3.012	0.592

pH 值	E_{corr}(vs. SHE)/V	$I_{corr}/\mu A \cdot cm^{-2}$	阳极斜率 b_a	阴极斜率 b_c
9.18	-0.284	50.119	3.769	0.736
12.40	-0.241	38.905	2.647	0.628

从图 3-8 和表 3-3 可知：

（1）pH 值对体系的腐蚀电位 E_{corr} 有影响，pH 值为 4.0~9.18 体系中，腐蚀电位 E_{corr} 随着 pH 值的增大出现负移，这说明镍黄铁矿在 pH 范围内，pH 值越高，表面越容易发生腐蚀。当 pH 值为 12.40 时，其腐蚀电位 E_{corr} 又出现正移，说明在该强碱条件下，镍黄铁矿的腐蚀受到了抑制。

（2）pH 值为 4.0~9.18 时，镍黄铁矿电极腐蚀电流密度 i_{corr} 随着 pH 值增加而增大，从式（1-20）可知，电极表面发生腐蚀的氧化反应速度增大。当 pH 值为 12.40 时，其腐蚀电流密度 i_{corr} 又减小，其原因可能为强碱条件下，在矿物电极表面覆盖了氧化反应生成的金属氢氧化物沉淀，阻碍了电化学反应的进行。

（3）阳极斜率先增大后减小，由式（1-40）和式（1-41）可知，阳极斜率为 $-2.303RT/(n\beta F)$，阴极斜率为 $2.303RT/(n\alpha F)$，阳极斜率的变化趋势说明阳极电子传递系数 $n\beta$ 先减小后增大，阳极反应速率先增大后减小，结合循环伏安扫描曲线，镍黄铁矿在 pH 值为 9.18 时表面自身氧化最强烈，生成了最厚的致钝氧化层，严重阻滞了阳极反应电子的传导。阴极斜率在 pH 值为 9.18 时最大，此时阴极电子传递系数 $n\alpha$ 最小，说明厚厚的致钝层也影响了阴极还原反应电子的传导。

如果定义缓蚀效率 η：

$$\eta = 1 - \frac{i_{corr}}{i_{corr}^0} \tag{3-45}$$

式中 i_{corr} ——中性溶液体系中矿物的腐蚀电流密度；

i^{0}_{corr}——碱性溶液体系中矿物的腐蚀电流密度。

由式（3-45）可求得 pH 值分别为 6.86、9.18 和 12.40 的缓蚀效率分别为 0、-0.385 和 -0.051。缓蚀效率 η 的数值为负，说明 OH^{-} 是镍黄铁矿的腐蚀剂而不是缓蚀剂，从数值上来看，pH 值为 9.18 时缓蚀效率 η 最负，说明在此 pH 值时镍黄铁矿的腐蚀作用最强，电极表面的氧化反应最强烈。

3.2.4 pH 值对黄铜矿表面腐蚀的影响

黄铜矿电极在无捕收剂体系中氧化的 Tafel 曲线及参数见图 3-9 和表 3-4。

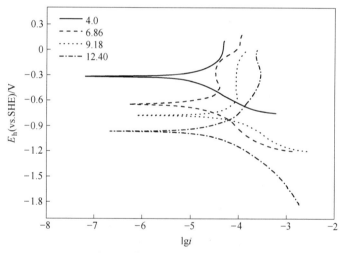

图 3-9 黄铜矿电极的 Tafel 曲线

表 3-4 无捕收剂体系黄铜矿电极的 Tafel 参数

pH 值	E_{corr}/V	$I_{corr}/\mu A \cdot cm^{-2}$	阳极斜率 b_a	阴极斜率 b_c
4.0	-0.332	35.481	1.371	0.661
6.86	-0.650	53.143	1.638	0.884
9.18	-0.785	85.114	2.154	0.947
12.40	-0.977	112.202	2.705	1.102

从图 3-9 和表 3-4 可知：

（1）随着介质 pH 值升高，黄铜矿电极的腐蚀电位 E_{corr} 负移，腐蚀电流密度 I_{corr} 也越来越大，说明黄铜矿表面腐蚀受介质 pH 值影响很大，pH 值越高，越容易发生腐蚀，且腐蚀速率越大。

（2）由缓蚀效率公式，求得 pH 值分别为 6.86、9.18 和 12.40 的缓蚀效率分别为 0、-0.602 和-1.111，也可知 pH 值为 12.40 强碱性条件下黄铜矿电极表面的腐蚀是最强烈的。

（3）从以上图表中阳极斜率、阴极斜率随 pH 值的变化趋势，结合式（1-25）和式（1-26），说明阳极氧化过程的电子传递系数 $n\beta$ 和阴极电子传递系数 $n\alpha$ 都减小。结合循环伏安测试结果分析，可能为随着 pH 值的增大，黄铜矿表面的氧化速率增大，产生的大量氧化产物 CuS、单质 S^0、$Cu(OH)_2$、$Fe(OH)_3$ 等覆盖在电极表面阻碍了电子的传递过程。

3.3　本章小结

本章通过对镍黄铁矿和黄铜矿表面氧化的 E_h-pH 分析和无捕收剂体系下的循环伏安和 Tafel 曲线研究可得以下结论：

（1）由硫化矿表面氧化的热力学分析可知，这两种硫化矿均能在适当的条件下表面发生氧化生成疏水性的单质硫，但随着 pH 值的增大，单质硫越易发生生成高价亲水性硫化物的深度氧化反应。

（2）在 pH 值小于 9.18 时，镍黄铁矿和黄铜矿均易在表面初期氧化生成大量疏水单质硫，此时两者表面疏水性较好，具有良好的无捕收剂浮选条件。由两者初期氧化产物单质硫发生深度氧化的电位差异，结合循环伏安扫描结果分析，pH 值为 6.86 时，镍黄铁矿表面的单质硫在 0.45V $< E_h <$ 0.70V 区间发生深度氧化形成亲水性高价硫化物,而黄铜矿未见明显增加的深度氧化电流峰。故 pH 值为 6.86 时,在 0.45V $< E_h <$ 0.70V 区间镍黄铁矿和黄铜矿可实现最佳的无捕收剂分离。

(3) 硫化矿物的表面阳极氧化产物决定了硫化矿物无捕收剂条件下的可浮性,适度的表面阳极氧化产物主要是疏水性的单质硫,深度氧化产物则为金属氢氧化物和金属硫酸盐等亲水性物质。在 pH 值为 4.0~9.18、低电位条件下,在矿物表面易氧化生成疏水性的单质硫,硫化矿表面疏水性较好。在高碱及高电位条件下,硫化矿表面易氧化生成金属氢氧化物和金属硫酸盐等亲水性物质,使矿物表面亲水。

(4) 在 pH 值为 4.0~9.18 时,镍黄铁矿的腐蚀电位 E_{corr} 和腐蚀电流密度 i_{corr} 随 pH 值的增加而增大,说明电极表面腐蚀随 pH 值升高越易进行,反应程度越剧烈。在 pH 值为 12.40 的强碱性介质中,腐蚀电位 E_{corr} 出现正移,腐蚀电流密度 i_{corr} 也减小,说明在该强碱条件下,镍黄铁矿的腐蚀受抑,综合分析,在强碱介质中,镍黄铁矿氧化初期就容易在表面生成金属氢氧化物,形成致钝。

(5) 黄铜矿的腐蚀电位 E_{corr} 随 pH 值增大逐渐负移,腐蚀电流密度 i_{corr} 也逐渐增大,黄铜矿的表面氧化受介质 pH 值影响更大,pH 值为 12.4 的高碱条件并未阻滞黄铜矿的表面氧化。从 Tafel 曲线相关参数分析可知,在相同 pH 值体系中,黄铜矿的腐蚀电流密度 i_{corr} 更大,说明黄铜矿更易发生腐蚀。

4 铜镍硫化矿物-捕收剂相互作用的电化学机理

本章从静电位、循环伏安曲线、Tafel 曲线来探讨在捕收剂条件下硫化矿物电极表面发生氧化还原反应的电化学机理[40~52]。

4.1 硫化矿物电极表面静电位对氧化产物的影响

根据混合电位模型，可通过测量浮选体系中硫化矿物的静电位大小来判断硫化矿表面发生的阳极氧化反应类型，据此判断捕收剂和硫化矿作用后在矿物表面的生成产物类型。黄药氧化生成双黄药 $(BX)_2$ 的反应见式 (4-1)，当硫化矿物表面静电位 E_{ms} 大于式 (4-1)反应发生的热力学平衡电位时，阳极氧化产物为双黄药；反之，则为黄原酸金属盐。

丁基黄药在水溶液中主要有以下反应：

$$2BX^- \rightleftharpoons (BX)_2 + 2e$$

$$E_h = -0.128 - 0.0592 \lg[BX^-] \tag{4-1}$$

$$HBX \rightleftharpoons H^+ + BX^-$$

$$K_a = 7.9 \times 10^{-6} \tag{4-2}$$

$$2HBX \rightleftharpoons 2H^+ + (BX)_2 + 2e$$

$$E_h = 0.437 - 0.0592pH \tag{4-3}$$

丁基黄药捕收剂浓度为 $10^{-4}mol/L$ 时，由式 (4-1) 可得其氧化生成双黄药反应的平衡电位为：

$$E_h = -0.128 - 0.0592 \lg[X^-] = 0.1088V$$

根据以上理论，测得了丁基黄药捕收剂浓度为 10^{-4} mol/L 时镍黄铁矿和黄铜矿的静电位，并将所测数据和由式（4-1）计算所得该捕收剂浓度下的平衡电位进行比较，其结果如图 4-1 所示。

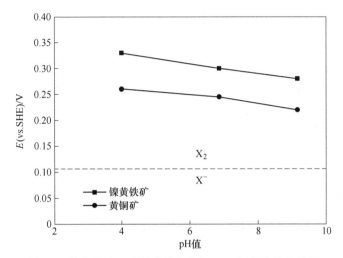

图 4-1　镍黄铁矿、黄铜矿静电位与 KBX 平衡电位的关系

从图 4-1 可知，镍黄铁矿和黄铜矿表面的静电位 E_{ms} 随着 pH 值的增加不断减小，但始终高于双黄药（BX）$_2$ 生成反应的平衡电位。结合 Finkelsiein N. P. 的研究可知，丁基黄药在镍黄铁矿和黄铜矿表面发生阳极氧化的产物为疏水性产物双黄药。

4.2　黄药在硫化矿物电极表面作用的电化学研究

根据混合电位模型，通过测定镍黄铁矿和黄铜矿在丁黄药体系中矿物表面的静电位，得出丁黄药在镍黄铁矿和黄铜矿表面阳极氧化的产物为疏水性产物双黄药。本节将采用电化学方法进一步探讨丁黄捕收剂体系中捕收剂浓度、pH 值等因素对矿物表面氧化行为的影响。

4.2.1　镍黄铁矿捕收剂条件下表面氧化电化学研究

丁基黄药在镍黄铁矿表面阳极氧化生成疏水性双黄药（BX）$_2$，同时镍黄铁矿表面也存在自身氧化反应，因此，要实现镍黄铁矿的捕收剂浮选就必须抑制镍黄铁矿的自身氧化，使镍黄铁矿的浮选环境利于双黄药（BX）$_2$ 的生成。

镍黄铁矿主要的自身氧化反应为：

$$Fe_{4.5}Ni_{4.5}S_8 + 54.5H_2O = 4.5Ni(OH)_2 + 4.5Fe(OH)_3 + 8SO_4^{2-} + 86.5H^+ + 70.5e$$

$$E_h = 0.3815 - 0.0726pH + 0.0067lg[SO_4^{2-}] = 0.3547 - 0.0726pH$$

$$(4-4)$$

假定 $[SO_4^{2-}] = 10^{-4}$ mol/L，同时考虑 SO_4^{2-} 的生成势垒，则有：

$$E_h = 0.8547 - 0.0726pH$$

可见，pH 值越大，发生上述反应的临界电位 E_h 越小，反应越易在低电位时发生，当发生该反应的临界电位低于捕收剂氧化为捕收剂二聚物时，则优先发生上述反应，此时，镍黄铁矿因自身氧化生成 $Fe(OH)_3$、$Ni(OH)_2$ 覆盖表面而受抑制。

将各浓度下丁基黄药捕收剂氧化成二聚物的可逆电位代入式 (4-4) 可求得各浓度条件下镍黄铁矿浮选的临界 pH 值。当丁基黄药浓度为 10^{-4} mol/L 时，浮选的临界 pH 值为 10.27；当丁基黄药浓度为 $5.0×10^{-4}$ mol/L 时，浮选的临界 pH 值为 10.84；当丁基黄药浓度为 $1.0×10^{-4}$ mol/L 时，浮选的临界 pH 值为 11.09。

由此可见，镍黄铁矿在 pH 值大于 11.09 的碱性条件下，即使捕收剂浓度增大至 10^{-3} mol/L，镍黄铁矿表面也易发生自身氧化反应，产生金属氢氧化物等亲水性氧化产物，在镍黄铁矿表面形成覆盖，黄药离子 BX⁻ 在矿物表面氧化为双黄药的反应受抑制。

图 4-2 为镍黄铁矿在丁基黄药捕收剂体系中的 E_h-pH 图（[KBX] = 10^{-4} mol/L），图中粗虚线部分代表丁基黄药作用的区域。从式（4-1）可以看出，双黄药（BX）$_2$ 在镍黄铁矿表面形成所需的热力学电位随着黄药浓度的增大而降低。在更高浓度的捕收剂条件下，丁基黄药和镍黄铁矿表面作用生成双黄药（BX）$_2$ 的电位区间更大。在捕收剂浓度为 10^{-4} mol/L 时，需将 pH 值控制在小于 10.27，以阻止镍黄铁矿表面自身氧化占主导地位，阻碍黄药离子 BX⁻ 在矿物表面氧化生成双黄药（BX）$_2$。

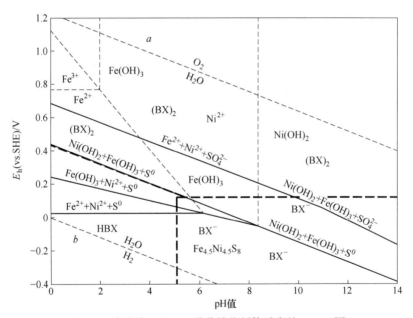

图 4-2　镍黄铁矿在丁基黄药捕收剂体系中的 E_h-pH 图

图 4-3 给出了镍黄铁矿电极在捕收剂浓度为 10^{-4} mol/L 的不同 pH 值缓冲溶液中，以 20mV/s 的扫描速度从 -1.0V 开始正向扫描的循环伏安曲线。

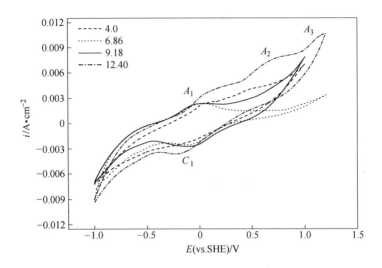

图 4-3　镍黄铁矿电极在捕收剂体系下的循环伏安曲线

由图 4-3 中可知：

（1）在 pH 值为 4.0、6.86 和 9.18 体系下，在阳极扫描中，镍黄铁矿在电位为 0.1V 左右均出现阳极峰 A_1，其对应着式（4-1）双黄药（BX）$_2$ 的生成。

阴极扫描中，在电位为 0V 左右出现阴极还原峰，其对应着式（4-5）的反应，为阳极氧化产物（BX）$_2$ 的还原。

$$(BX)_2 \Longrightarrow 2BX^- - 2e \qquad (4-5)$$

（2）相比无捕收剂体系中的循环伏安扫描曲线，捕收剂的加入，阳极扫描氧化峰所对应的电流密度明显增大，表明捕收剂在电极表面的阳极氧化反应程度远远大于镍黄铁矿的自身氧化。

（3）当 pH 值为 6.86 时，在阳极扫描出现明显氧化峰后，通过镍黄铁矿电极的电流密度随着扫描电压的增大而减小，在各 pH

值条件下，此时镍黄铁矿的电流密度是最小的，说明在镍黄铁矿电极表面发生了捕收剂双黄药的致密吸附。在电位大于 0.70V 后，双黄药将从电极表面发生非法拉第脱落，镍黄铁矿电极表面发生自身氧化，阳极扫描电流密度又逐渐增大。

（4）在 pH 值为 9.18 的弱碱性介质中，电位大于 0.45V 后，阳极扫描电流密度相较偏中性捕收剂体系增加更快，双黄药从电极表面脱落速度更为迅速，随后阳极电流急剧增大所反映的是高电位下镍黄铁矿表面强烈的自身氧化反应。

（5）根据 pH 值为 12.4 时的循环伏安扫描曲线，在此高碱介质中，在起始电位分别为 0V、0.55V 左右开始出现明显阳极氧化峰；阴极扫描中，在 0V 左右开始出现一个明显还原峰。由前文分析，在该捕收剂浓度的高碱介质中，在低电位时，镍黄铁矿表面先发生自身氧化反应，氧化所形成的氧化产物阻滞了捕收剂双黄药的形成。

综上可知，在捕收剂体系中，镍黄铁矿电极表面的阳极过程主要是黄药氧化生成疏水性产物双黄药 $(BX)_2$，阴极过程主要是双黄药的还原。在 $4.0 < pH < 9.18$ 时，双黄药 $(BX)_2$ 的氧化生成易在镍黄铁矿表面发生，在 pH 值为 6.86 时，镍黄铁矿表面生成的双黄药 $(BX)_2$ 致密吸附，此时矿物表面疏水性最好。丁基黄药捕收剂浓度为 $10^{-4}mol/L$ 时，镍黄铁矿浮选的临界 pH 值为 10.27，故在 pH 值为 12.40 的强碱性介质中，镍黄铁矿自身的表面氧化占主导，以金属氢氧化物、金属硫酸盐等为主的氧化产物在矿物表面形成覆盖，阻滞捕收剂双黄药的形成，使镍黄铁矿表面亲水。

由循环伏安曲线分析可知，在低电位时阳极氧化生成的疏水性双黄药在高电位时易从电极表面脱落，使镍黄铁矿表面发生强烈的自身氧化。

图 4-4～图 4-6 分别为镍黄铁矿在 pH 值为 4.0、9.18 和 12.40 的不同捕收剂浓度中的循环伏安曲线。

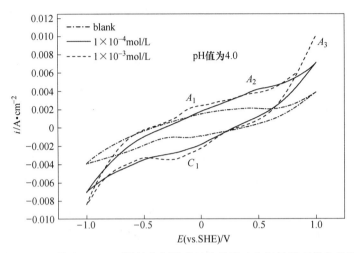

图 4-4　pH 值为 4.0、不同捕收剂浓度时镍黄铁矿电极的循环伏安曲线

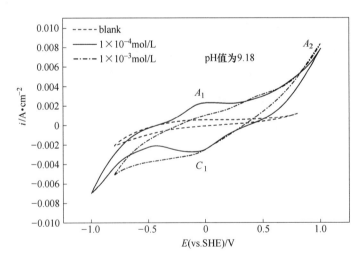

图 4-5　pH 值为 9.18、不同捕收剂浓度时镍黄铁矿电极的循环伏安曲线

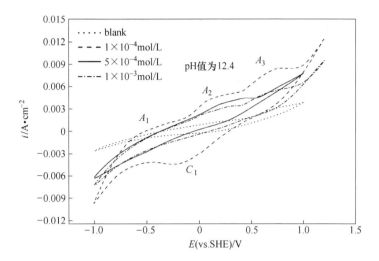

图 4-6 pH 值为 12.4、不同捕收剂浓度时镍黄铁矿电极的循环伏安曲线

从图 4-4～图 4-6 可知，捕收剂的加入，增大了镍黄铁矿电极表面的电流密度，即促进了镍黄铁矿的阳极氧化。在 pH 值为 4.0 和 pH 值为 9.18 的捕收剂条件下，阳极扫描在 0～0.20V 范围均出现了一个阳极峰，说明在捕收剂条件下镍黄铁矿表面发生了一个与 pH 值无关的阳极反应：

$$2BX^- \rightleftharpoons (BX)_2 + 2e$$

$$E_h = -0.128 - 0.0592 \lg[BX^-] \tag{4-1}$$

该反应的热力学电位对应于 $[BX^-] = 10^{-4}$ mol/L 和 $[BX^-] = 10^{-3}$ mol/L 时，分别为 0.1088V 和 0.0496V，在阳极扫描氧化峰所对应的电位在 0～0.2V 范围内，与实验结果相符。

图 4-6 为在 pH 值为 12.4 的高碱介质中，不同捕收剂浓度下镍黄铁矿电极循环伏安扫描曲线，由前文计算所得不同捕收剂浓度条件下镍黄铁矿浮选的临界 pH 值，可知在此 pH 介质中，镍黄铁矿自身的氧化反应依然占主导地位。从图中可知，无捕收剂条件下镍

黄铁矿电极的阳极电流密度是最小的，然而捕收剂的加入，使镍黄铁矿在发生自身氧化的同时，双黄药（BX）$_2$ 的阳极氧化生成反应程度远大于镍黄铁矿的自身氧化，增强了电流密度。并且，随着丁黄药浓度的增大，镍黄铁矿的阳极峰电流密度先增大后减小，说明在镍黄铁矿表面发生自身强烈氧化的同时，双黄药（BX）$_2$ 也发生阳极氧化，使电流密度增强，继续增大捕收剂浓度，表面氧化生成的双黄药量增加，镍黄铁矿的自身氧化反而受到抑制。由此推断，高碱介质中，存在一个临界浓度，当捕收剂浓度大于该值时，镍黄铁矿的自身氧化受到抑制；在该浓度值以下，镍黄铁矿表面以自身氧化为主。

综上可知，捕收剂的加入，使镍黄铁矿的阳极氧化速率大大增强。在非强碱性介质中，镍黄铁矿的自身氧化受抑制，阳极氧化反应主要为疏水性产物双黄药（BX）$_2$ 的氧化生成。在强碱性介质中，存在一个临界浓度，当捕收剂浓度大于该值时，镍黄铁矿的自身氧化受到抑制；在该浓度值以下，镍黄铁矿表面以自身氧化为主，矿物表面覆盖亲水氧化产物，表面疏水性下降。

4.2.2 丁黄药-水体系中镍黄铁矿的腐蚀

本节将对捕收剂条件对镍黄铁矿表面腐蚀和矿物/水溶液界面的影响进行研究。

图 4-7、图 4-8 及表 4-1、表 4-2 分别为不同 pH 值条件下镍黄铁矿的 Tafel 扫描曲线及参数，［BX］= 10^{-3} mol/L，扫描速度为 2mV/s。

从图 4-7 和表 4-1 可知：

（1）相比无捕收剂体系，捕收剂的加入使镍黄铁矿在体系的腐蚀电位 E_{corr} 发生了较大负移，pH 值越高，腐蚀电流密度 i_{corr} 越大，

且腐蚀电流密度 i_{corr} 比相同 pH 值无捕收剂体系下增大了十几倍，说明捕收剂的加入，使得镍黄铁矿表面氧化生成双黄药（BX)$_2$ 的反应程度远高于镍黄铁矿在无捕收剂条件下的自身氧化反应。

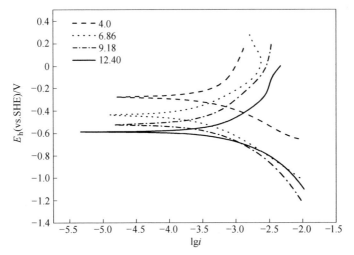

图 4-7 镍黄铁矿电极在 10^{-4} mol/L 捕收剂体系中的 Tafel 扫描曲线

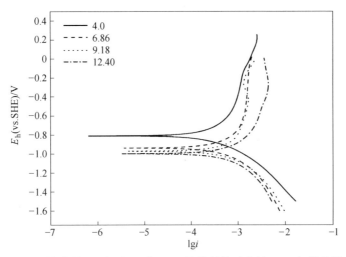

图 4-8 镍黄铁矿电极在 10^{-3} mol/L 捕收剂体系中的 Tafel 扫描曲线

表 4-1 镍黄铁矿电极在 10^{-4} mol/L 捕收剂体系中的 Tafel 参数

pH 值	E_{corr}/V	I_{corr}/μA·cm^{-2}	阳极斜率 b_a	阴极斜率 b_c
4.0	-0.280	537.032	1.436	0.572
6.86	-0.421	616.595	1.605	0.710
9.18	-0.515	912.011	1.407	0.644
12.40	-0.596	890.964	1.574	0.608

表 4-2 镍黄铁矿电极在 10^{-3} mol/L 捕收剂体系中的 Tafel 参数

pH 值	E_{corr}/V	I_{corr}/μA·cm^{-2}	阳极斜率 b_a	阴极斜率 b_c
4.0	-0.810	539.541	2.326	0.685
6.86	-0.936	812.831	2.884	0.766
9.18	-0.973	941.250	2.978	0.749
12.40	-1.010	1548.817	2.047	0.783

（2）pH 值为 4.0~9.18 的体系中，pH 值越大，腐蚀电位 E_{corr} 越负移，这说明镍黄铁矿在 pH 值范围内，pH 值越高，表面越容易发生腐蚀。当 pH 值为 12.40 时，其腐蚀电位 E_{corr} 又出现正移，其腐蚀电流密度 i_{corr} 也出现了一定幅度的减小，说明在该强碱条件下，镍黄铁矿的腐蚀受到了抑制。从前文可知，镍黄铁矿在 pH 值为 12.40 的高碱条件下，易发生自身氧化产生金属氢氧化物从而阻滞捕收剂双黄药的形成，故其腐蚀电流密度 i_{corr} 出现减小。

（3）阳极斜率在 pH 值为 6.86 时达到最大，由阳极斜率计算公式 $2.303RT/(n\beta F)$ 可知，此时阳极电子传递系数 $n\beta$ 最小，结合循环伏安扫描曲线，镍黄铁矿在 pH 值为 6.86 时，表面生成大量疏水性双黄药 $(BX)_2$，形成了致密吸附，影响了电子传导。阴极斜率在 pH 值为 6.86 时也最大，此时阴极电子传递系数 $n\alpha$ 最小，说明疏水性双黄药 $(BX)_2$ 的致密吸附也影响了阴极还原反应电子的传导。

从表 4-1 和表 4-2 可知：

（1）增大捕收剂浓度，镍黄铁矿在体系的腐蚀电位 E_{corr} 继续负移，相同 pH 值条件下，腐蚀电流密度 i_{corr} 继续增大，说明增大捕收剂的浓度后，在镍黄铁矿表面发生的双黄药（BX）$_2$ 氧化生成其反应程度得到增强。

（2）pH 值为 12.40 时，腐蚀电流密度 i_{corr} 达到最大值，说明在该强碱条件下，增大捕收剂浓度至 10^{-3} mol/L 时，在镍黄铁矿自身强烈氧化的同时，在镍黄铁矿表面双黄药（BX）$_2$ 的氧化生成反应程度也很强烈，得以使其腐蚀电流密度 i_{corr} 最大。

4.2.3 黄铜矿与捕收剂作用的电化学机理

从前面章节可知，黄铜矿和丁基黄药捕收剂作用的疏水产物也是双黄药（BX）$_2$。

黄铜矿主要的氧化反应为：

$$2CuFeS_2 + 9H_2O \longrightarrow 2CuS + 2Fe(OH)_3 + S_2O_3^{2-} + 12H^+ + 10e$$

$$E_h = 0.461 - 0.071pH + 0.00592lg[S_2O_3^{2-}] \tag{4-6}$$

假定 $[S_2O_3^{2-}] = 1×10^{-4}$ mol/L，同时考虑 $S_2O_3^{2-}$ 的生成势垒，则有：

$$E_h = 0.9373 - 0.071pH$$

可见，pH 值越高，黄铜矿表面发生自身氧化的 E_h 越低，越容易发生自身氧化。当黄铜矿表面发生自身氧化反应的电位低于捕收剂氧化为捕收剂二聚物的平衡电位时，则优先发生自身氧化，此时，黄铜矿因自身氧化而使捕收剂浮选受抑制。

将各浓度下丁基黄药捕收剂氧化成二聚物的可逆电位代入式 (4-6) 可求得各浓度条件下黄铜矿浮选的临界 pH 值。当丁基黄药浓度为 10^{-4} mol/L 时，浮选的临界 pH 值为 11.67；当丁基黄药浓

度为 $5.0×10^{-4}$ mol/L 时，浮选的临界 pH 值为 12.24；当丁基黄药浓度为 10^{-3} mol/L 时，浮选的临界 pH 值为 12.51。

对比前文镍黄铁矿的浮选临界 pH 值研究可知，在相同捕收剂浓度条件下，黄铜矿的临界浮选 pH 值更高，表明黄铜矿在强碱条件下具有更好的可浮性。

图4-9 为捕收剂条件下，黄铜矿电极在不同 pH 值缓冲溶液中，[BX] = 10^{-4} mol/L，以 20mV/s 的扫描速度正向扫描的循环伏安曲线。

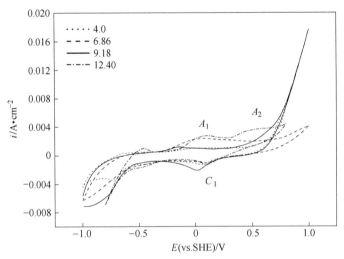

图4-9 黄铜矿电极在不同 pH 值体系下的循环伏安扫描曲线

从图4-9 循环伏安扫描曲线并结合前文研究可知，黄铜矿电极表面的阳极过程主要为黄药氧化生成疏水性产物双黄药，阴极过程主要为双黄药的还原。

在 pH 值为 4.0、6.86 和 9.18 的阳极扫描中，出现阳极峰 A_1，其对应着双黄药的生成反应。

$$2BX^- \Longrightarrow (BX)_2 + 2e$$

$$E_h = -0.128 - 0.0592 \lg[X^-] = 0.1088V \qquad (4-7)$$

在阴极扫描中，在电位为 0V 左右出现了明显的阴极还原峰，其对应着式（4-5）阳极氧化产物双黄药（BX）$_2$ 的还原。

在 pH 值为 12.40 的高碱介质中，黄铜矿阳极扫描的明显阳极峰代表黄铜矿表面发生了强烈的自身氧化，使捕收剂难以在电极表面氧化形成双黄药（BX）$_2$。

4.2.4　丁黄药-水体系中黄铜矿的腐蚀

图 4-10 及表 4-3 为黄铜矿在捕收剂浓度为 10^{-4} mol/L 的不同 pH 值溶液中的 Tafel 扫描曲线及参数，扫描速度为 2mV/s。

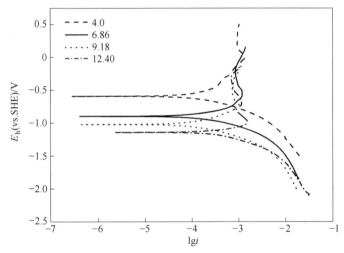

图 4-10　黄铜矿电极的 Tafel 曲线

表 4-3　黄铜矿电极在 10^{-4} mol/L 捕收剂体系中的 Tafel 参数

pH 值	E_{corr}/V	I_{corr}/μA·cm^{-2}	阳极斜率 b_a	阴极斜率 b_c
4.0	−0.610	288.403	3.417	0.925
6.86	−0.882	549.541	3.982	0.876
9.18	−1.021	758.577	3.255	0.909
12.40	−1.133	912.011	4.014	0.963

从图 4-10 和表 4-3 可知：

（1）相比无捕收剂体系，捕收剂的加入使黄铜矿在体系的腐蚀电位 E_{corr} 发生很大负移，腐蚀电流密度 i_{corr} 随着 pH 值的升高不断增大且增长幅度远远大于无捕收剂体系相同 pH 值条件下的腐蚀电流密度 i_{corr}，说明加入捕收剂后，在黄铜矿表面发生的双黄药 $(BX)_2$ 氧化生成，其反应程度远远高于黄铜矿在无捕收剂条件下的自身氧化反应。

（2）在 pH 值为 12.40 体系中，黄铜矿的腐蚀电流密度 i_{corr} 最大，结合前文分析，说明在该强碱条件下，黄铜矿表面发生自身氧化并不能阻滞捕收剂双黄药的形成，故其腐蚀电流密度 i_{corr} 继续增大。

综上，由镍黄铁矿和黄铜矿在丁基黄药捕收剂条件下的阳极氧化反应，结合两者自身氧化热力学计算，可知热力学理想体系中，在不添加任何调整剂的情况下，只有在两者的浮选临界 pH 值差异区最适合通过调控两者表面双黄药的阳极氧化和矿物自身氧化造成的亲-疏水平衡，达到捕收剂分离。在捕收剂 [BX] = 10^{-4} mol/L 时，在 10.27 < pH < 11.67 区间，镍黄铁矿表面以生成亲水性氧化产物的自身氧化占主导，表面亲水；而黄铜矿表面以双黄药的阳极氧化生成为主导，表面疏水，此时可利用两者表面的疏水程度差异进行分离。在两者的共同浮选临界 pH 值小于 10.27 时，矿物表面的氧化均为双黄药的氧化生成，矿物表面疏水可浮，因此在此 pH 值范围内，必须通过调整剂改变矿物自身氧化和双黄药氧化生成之间带来的矿物表面亲-疏水平衡，实现两者的分离。

4.3 本章小结

本章通过静电位、循环伏安曲线、Tafel 曲线等探讨了镍黄铁矿和黄铜矿在捕收剂条件下硫化矿物电极表面发生氧化还原反应的作用机理，得出以下结论：

（1）静电位和循环伏安研究表明，在丁基黄药体系中，捕收剂在镍黄铁矿和黄铜矿表面发生阳极氧化并生成疏水性的双黄药，阴极反应主要是双黄药的还原。

（2）黄铜矿具有更宽的浮选临界 pH 值，在强碱条件下，黄铜矿与捕收剂的作用受自身氧化的影响相比镍黄铁矿小，生成的双黄药能够较好地在矿物表面形成吸附，而镍黄铁矿在强碱介质中，表面先发生自身氧化反应，氧化所形成的氧化产物阻滞捕收剂双黄药的形成，降低了其可浮性。

（3）在热力学理想体系中，在不添加任何调整剂的捕收剂环境下，可利用镍黄铁矿和黄铜矿的浮选临界 pH 值差异来调控两者表面双黄药的阳极氧化和矿物自身氧化造成的亲-疏水平衡差异，达到捕收剂浮选分离。

（4）从循环伏安曲线和 Tafel 曲线研究可知，捕收剂条件下硫化矿物电极的腐蚀电流密度 i_{corr} 明显比无捕收剂条件下更大，表明丁基黄药捕收剂的加入增强了硫化矿物电极表面的氧化还原反应的反应程度。

（5）在相同 pH 值条件下，黄铜矿的静电位比镍黄铁矿更负移，说明黄铜矿更易发生腐蚀；但镍黄铁矿的腐蚀电流密度 i_{corr} 在非强碱介质中大于黄铜矿，表明在非强碱介质中，镍黄铁矿的腐蚀速率更快。

5 硫化矿物电化学动力学研究

前几章探讨了硫化矿物在有无捕收剂体系中的表面氧化过程，硫化矿物由于其表面氧化及与捕收剂的作用会发生一系列电化学反应。本章进一步研究矿物与捕收剂作用的电化学动力学行为。电化学动力学方程和动力学参数是硫化矿物浮选分离的基础，能够定量地判定硫化矿表面产物的吸附程度及氧化速率大小[53~60]。

5.1 硫化矿物电极氧化的电位阶跃试验

利用控制电位暂态方法可以研究电极的氧化，建立其氧化动力学公式，计算其动力学参数。

对于一个简单的电化学反应：

$$R \longrightarrow O + ne \tag{5-1}$$

引进系数 β 值，则：

$$\beta = \frac{K_f}{\sqrt{D}} + \frac{K_b}{\sqrt{D}} \tag{5-2}$$

式中，K_b、K_f 分别代表反应的正向和逆向速度常数；D 为反应粒子的扩散系数。

电极电流密度可表示为：

$$i = nF(K_b c_R^0 - K_f c_O^0)\exp(\beta^2 t)\,\mathrm{erfc}(\beta\sqrt{t}) \tag{5-3}$$

假定 $\beta^2 t = 1(t = \beta^{-1})$，式 (5-3) 可简化为：

$$i = nF(K_b c_R^0 - K_f c_O^0)\left(1 - \frac{2\beta\sqrt{t}}{\sqrt{\pi}}\right) \tag{5-4}$$

则：

$$i_{t\to0} = nF(K_b c_R^0 - K_f c_O^0) \tag{5-5}$$

整理后：

$$i_{t\to0} = i_0\left[\exp\left(\frac{-\beta nF}{KT}\eta\right) - \exp\left(\frac{\alpha nF}{KT}\eta\right)\right] \tag{5-6}$$

对于一个准可逆反应 (5-1)，式 (5-6) 可简化为：

$$i_{t\to0} = i_0\exp\left(\frac{-\beta nF}{KT}\eta\right) \tag{5-7}$$

式中 i_0——交换电流密度。

如果做一系列电位值（偏离平衡电位）的电位阶跃实验，将可求得一系列 $i_{t\to0}$ 值，$i_{t\to0}$ 是某一个电位下完全无浓差极化的电流值。由式 (5-7) 可得：

$$\eta = \frac{-2.303RT}{\beta nF}\lg i_0 + \frac{2.303RT}{\beta nF}\lg i_{t\to0} \tag{5-8}$$

η-$\lg i_{t\to0}$ 关系曲线遵循 Tafel 关系，由曲线斜率及截距可求出动力学参数 i_0、η。

此外，$i_0 = nFK_bK_f[c_R^0]\beta[c_O^0]^{1-\beta}$ \tag{5-9}

交换电流密度 i_0 跟反应物、产物浓度有关，相同介质中同一电极的 i_0 基本不变。

图 5-1 为 pH 值为 9.18 、[BX$^-$] $= 10^{-3}$ mol/L 时镍黄铁矿电极在不同电位值下的恒电位阶跃试验时的电流-时间关系。

在图 5-1 选取适当的时间范围，做 i-$t^{0.5}$ 曲线为一直线，如图 5-2 所示。

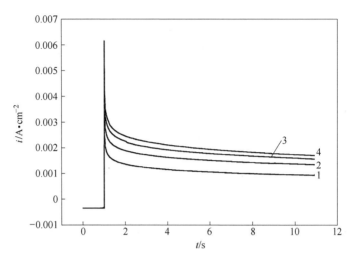

图 5-1 镍黄铁矿不同电位阶跃的电流-时间关系

1—0.25V；2—0.30V；3—0.35V；4—0.40V

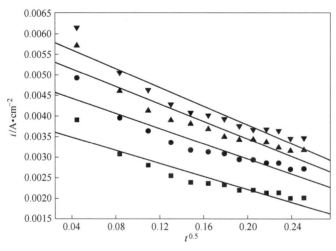

图 5-2 矿电极电位阶跃时的 i-$t^{0.5}$ 关系曲线

将不同电位阶跃下的 $i_{t \to 0}$ 值求出，并做 η-$\lg i_{t \to 0}$ 曲线，如图 5-3 所示。

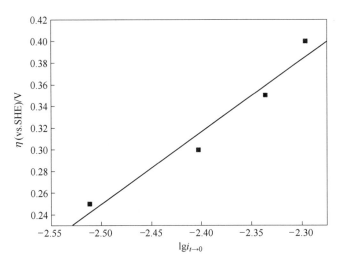

图 5-3 镍黄铁矿电极电位阶跃时的 $\eta\text{-lg}i_{t\to0}$ 关系曲线

求出图 5-3 曲线斜率 0.671，截距为 2.021，结合式（5-9）即可求得镍黄铁矿电极在 pH 值为 9.18 的溶液中氧化的动力学方程为：

$$\eta = 2.021 + 0.671\text{lg}i_{t\to0} \tag{5-10}$$

可求得 $n\beta = 0.0993$，$i_0 = 972.747\mu\text{A/cm}^2$。

参照图 4-8 及表 4-2，通过 Tafel 曲线求出镍黄铁矿在同一体系中的 i_0 值为 $941.250\mu\text{A/cm}^2$，二者非常接近。

同理可求 pH 值为 9.18 时，黄铜矿电极在捕收剂 ［BX$^-$］ = 10^{-3}mol/L 体系中的氧化动力学方程：

$$\eta = 6.5412 + 2.216\text{lg}i_{t\to0} \tag{5-11}$$

可求得 $n\beta = 0.0195$，$i_0 = 1116.863\mu\text{A/cm}^2$。

5.2 丁基黄药在硫化矿电极表面作用的电极过程

由前面的研究可得，在丁基黄药捕收剂条件下，镍黄铁矿和黄铜矿表面的阳极氧化反应主要为丁基黄药氧化生成疏水性双黄药 $(BX)_2$，双黄药 $(BX)_2$ 覆盖在电极表面使矿物表面疏水可浮，但其覆盖层厚度不尽相同，造成矿物可浮性的差异。

由丁基黄药氧化生成双黄药的反应式（4-1），可得捕收剂 $[BX^-] = 10^{-3} mol/L$ 时，反应的平衡电位为 0.0516V。

在丁基黄药浓度为 $10^{-3} mol/L$ 的水溶液中，对镍黄铁矿电极进行恒电位阶跃，阶跃值设定为 0.25V，略高于反应式（4-1）的平衡电位，使反应可以顺利进行。

镍黄铁矿在阶跃电位为 0.25V 时的电流-时间关系曲线如图 5-4 所示。

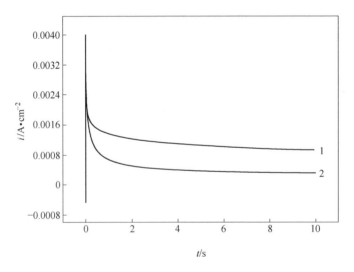

图 5-4　镍黄铁矿电位阶跃的电流-时间关系

1—pH 值为 9.18；2—pH 值为 12.40

在图 5-4 中对 2 号曲线上选取适当的时间范围，做 i^{-1}-$t^{0.5}$ 曲线，拟合出一直线如图 5-5 所示。

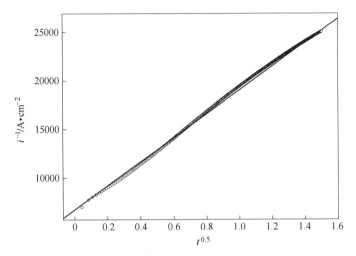

图 5-5 镍黄铁矿电位阶跃的电流 i^{-1}-$t^{0.5}$ 关系曲线

可以求得镍黄铁矿电位阶跃实验的电流-时间关系式：

$$i^{-1} = 6.641 \times 10^3 + 1.255 \times 10^4 t^{0.5} \qquad (5\text{-}12)$$

阶跃时间为 10s，可求积分得到阶跃生成的电量：

$$Q = \int_0^{10} \frac{1}{6.641 \times 10^3 + 1.255 \times 10^4 t^{0.5}} dt$$
$$= 599.12 \mu C/cm^2 \qquad (5\text{-}13)$$

根据相关文献，双黄药极性基面积取 $2nm^2$ 时，形成一个双黄药分子层所需电量为 $158.6\mu C/cm^2$，电极粗糙度取 5，由此可求出，pH 值为 12.4 时，黄药在镍黄铁矿电极表面形成双黄药 $(BX)_2$ 的覆盖度为 0.756 个单分子层。

式 (5-13) 所示的关系明显不符合 Elovichi 方程，表明双黄药形成的反应属于混合控制或者扩散控制的反应，下面从理论上推导式 (5-13)。镍黄铁矿电极在黄药溶液中遵循三个假定：

（1）扩散服从 Fick 第二定律；

（2）电极过程电极电位控制在极限电流出现的电位范围；

（3）无对流、电迁移存在。

则扩散电流由以下方程给出：

$$i = nFD \left[\frac{\partial c_0(x, t)}{\partial x} \right]_{x=0} \tag{5-14}$$

$$c_0(x, t) = c_O^0 \mathrm{erf} \left(\frac{x}{2\sqrt{Dt}} \right) \tag{5-15}$$

$$i = nFD \frac{c_O^0}{\sqrt{\pi Dt}} = nFc_O^0 \sqrt{\frac{D}{\pi t}} \tag{5-16}$$

式中　c_O^0——反应物初始浓度；

　　　D——反应粒子在电极表面的扩散系数。

将式（5-12）代入式（5-16）可得，pH 值为 12.4 时，丁基黄药在镍黄铁矿电极表面的扩散系数 $D = 1.89 \times 10^{-6}\mathrm{cm^2/s}$。

pH 值为 9.18，

$$i^{-1} = 4.671 \times 10^3 + 2.930 \times 10^4 t \tag{5-17}$$

对式（5-17）求积分可得，通过镍黄铁矿电极表面的电量为 $2698.9\mu\mathrm{C/cm^2}$，此时在镍黄铁矿电极表面有 3.403 个双黄药 $(\mathrm{BX})_2$ 单分子层。

同理，可求得黄铜矿在阶跃电位为 0.25V 时阶跃实验的电流-时间关系式：

pH 值为 12.4，$i^{-1} = 2.138 \times 10^3 + 1.422 \times 10^4 t^{0.5}$ （5-18）

pH 值为 9.18，$i^{-1} = 3.107 \times 10^3 + 4.279 \times 10^4 t$ （5-19）

对式（5-18）和式（5-19）求积分，可得通过黄铜矿电极表面的电量分别为 $1155.3\mu\mathrm{C/cm^2}$ 和 $3032.0\mu\mathrm{C/cm^2}$，双黄药 $(\mathrm{BX})_2$ 在电极表面的覆盖度分别为 1.457 和 3.823 个单分子层。pH 值为 12.40 时，丁基黄药在黄铜矿电极表面的扩散系数 $D = 2.86 \times 10^{-6}\mathrm{cm^2/s}$。

综上可知，在 pH 值为 12.40 的强碱性条件下，黄铜矿表面的

双黄药 $(BX)_2$ 覆盖层更厚，黄铜矿的表面疏水性更好。这也和第 4 章所求两种硫化矿在捕收剂 $[BX^-] = 10^{-3}\,mol/L$ 条件下浮选的临界 pH 值（镍黄铁矿为 11.09，黄铜矿为 12.51）相符。

5.3 本章小结

（1）由电位阶跃的电流-时间关系曲线，分析求得镍黄铁矿、黄铜矿在 pH 值为 9.18、pH 值为 12.40 的捕收剂 $[BX^-] = 10^{-3}\,mol/L$ 条件下的氧化动力学方程。

（2）由镍黄铁矿、黄铜矿在不同电位下的恒电位阶跃试验结果表明，在 pH 值为 12.4 的强碱条件下，黄铜矿表面氧化生成的双黄药覆盖膜厚度为 1.457 个分子层，比相同条件下镍黄铁矿表面生成的 0.756 个单分子层双黄药更厚，说明黄铜矿的表面疏水性更好。

（3）黄铜矿和镍黄铁矿在 pH 值为 12.4、捕收剂 $[BX^-] = 10^{-3}\,mol/L$ 条件下，双黄药在电极表面形成的反应属于混合控制或者扩散控制的反应，丁基黄药在黄铜矿表面和镍黄铁矿表面的扩散系数分别为 $2.86 \times 10^{-6}\,cm^2/s$ 和 $1.89 \times 10^{-6}\,cm^2/s$。

6 铜镍硫化矿物的浮选行为与机理

镍黄铁矿与黄铜矿由于共生关系复杂、可浮性相近，要使铜镍矿中的铜和镍得到充分的回收利用，就必须对其在矿浆中的浮选行为及相互影响的规律进行系统的研究；对铜镍矿表面氧化机制方面的探索进行论证，寻求铜镍硫化矿浮选分离的特点，为铜镍硫化矿的浮选分离工艺提供理论支持[61~71]。

6.1 铜镍硫化矿自诱导浮选行为

自诱导浮选是指在一定的矿浆 pH 值和矿浆电位条件下，硫化矿物表面经适度氧化后产生了一定量的疏水物质，从而使矿物表面由亲水变为疏水，在不添加任何捕收剂的情况下来实现硫化矿物的浮选分离。为了考察铜镍硫化矿在无捕收剂条件下的自诱导浮选行为，本节分析在不同的 pH 值、矿浆电位条件下考察矿物的自诱导浮选性能。

6.1.1 矿浆 pH 值对铜镍硫化矿自诱导浮选的影响

取 2.0g 镍黄铁矿和黄铜矿，经清洗矿物表面氧化膜后，分别用不同 pH 值的缓冲溶液冲入浮选槽中进行浮选试验，考察不同的矿浆 pH 值对铜镍硫化矿自诱导矿物浮选行为的影响，试验结果如图 6-1 和图 6-2 所示。

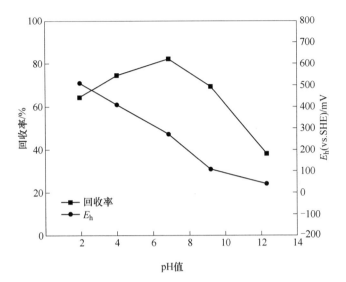

图 6-1　pH 值对镍黄铁矿自诱导浮选回收率的影响

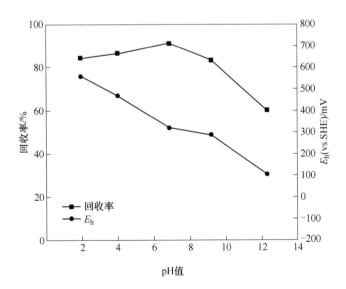

图 6-2　pH 值对黄铜矿自诱导浮选回收率的影响

从图6-1和图6-2中可以看出，当2<pH<10时，镍黄铁矿可很好地实现自诱导浮选；在矿浆pH值为4~9.18、矿浆电位在100~370mV的范围内回收率较高；当pH值大于11或pH值小于2时，镍黄铁矿的可浮性变差，回收率急剧下降。而黄铜矿在pH值为2~10、矿浆电位区间为250~550mV的范围内可浮性均较好，回收率均在80%以上，但在pH值大于12时回收率下降较大，约为60%。

6.1.2　矿浆电位对铜镍硫化矿自诱导浮选的影响

取2.0g镍黄铁矿清洗矿物表面氧化膜后，分别用不同pH值的缓冲溶液冲入浮选槽中，加入硫代硫酸钠和过硫酸钾来调节矿浆电位，考察不同的矿浆电位对镍黄铁矿自诱导浮选行为的影响，试验结果如图6-3所示。

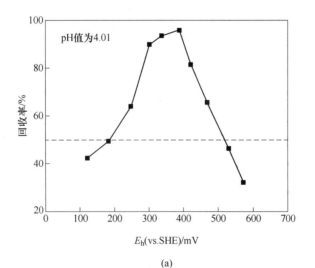

(a)

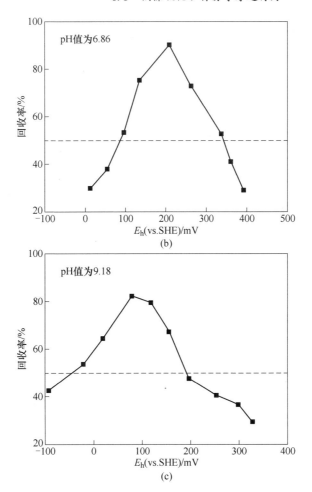

图 6-3　矿浆电位 E_h 值对镍黄铁矿自诱导浮选回收率的影响

（a）pH 值为 4.01；（b）pH 值为 6.86；（c）pH 值为 9.18

从图 6-3 中可以看出，在 pH 值一定的情况下，镍黄铁矿只在一定的电位区间内才可以实现无捕收剂浮选。一般认为硫化矿物的浮选回收率大于 50% 时可浮性较好，小于 50% 时可浮性较差，其对应的矿浆电位则为浮选电位的上限和下限。从图中可得出 pH 值为4.01时自诱导浮选的可浮电位区间为200～530mV，pH值为6.86时自诱导浮选的可浮电位区间为90～350mV，pH值为9.18时自诱导浮选的可浮电位区间为−30～180mV。

取2.0g黄铜矿清洗矿物表面氧化膜后，分别用不同pH值的缓冲溶液冲入浮选槽中，加入硫代硫酸钠和过硫酸钾来调节矿浆电位，考察不同的矿浆电位对黄铜矿自诱导浮选行为的影响，试验结果如图6-4所示。

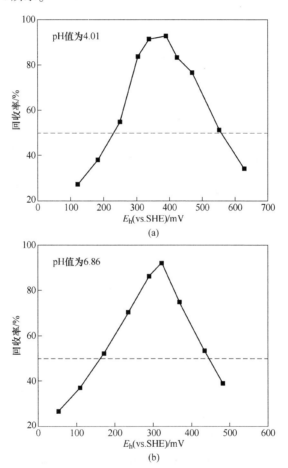

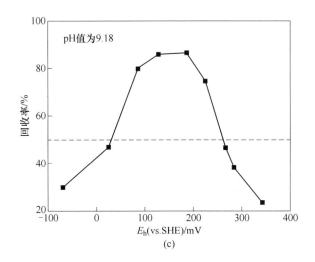

图 6-4 矿浆电位 E_h 值对黄铜矿自诱导浮选回收率的影响

（a）pH 值为 4.01；（b）pH 值为 6.86；（c）pH 值为 9.18

从图 6-4 中可以看出，在 pH 值一定的情况下，黄铜矿同样只在一定的电位区间内才可以实现无捕收剂浮选。当 pH 值为 4.01 时自诱导浮选的可浮电位区间为 230~550mV，pH 值为 6.86 时自诱导浮选的可浮电位区间为 170~440mV，pH 值为 9.18 时自诱导浮选的可浮电位区间为 40~260mV。由此得出，黄铜矿无捕收剂浮选时，随着 pH 值的增大，可浮电位区间变窄。

将热力学分析得到的铜镍硫化矿 E_h-pH 图中矿物可浮区间与实际浮选确定的矿物可浮电位区间进行对比，结果如图 6-5 和图 6-6 所示。

从图 6-5 和图 6-6 中可以看到，镍黄铁矿和黄铜矿自诱导可浮电位区间与热力学推导得到的电位区间基本是吻合的，但黄铜矿实际浮选的电位区间上限高于 E_h-pH 图所绘制的上限，一方面由于在实际的矿浆中，硫化矿物表面的单质硫被氧化生成 $S_2O_3^{2-}$ 和 SO_4^{2-}

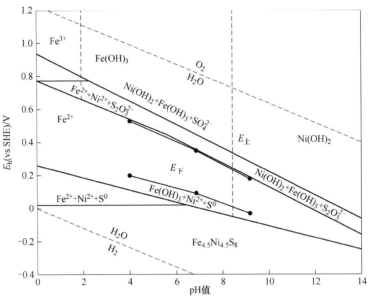

图 6-5 镍黄铁矿浮选电位区间与 E_h-pH 的关系示意图

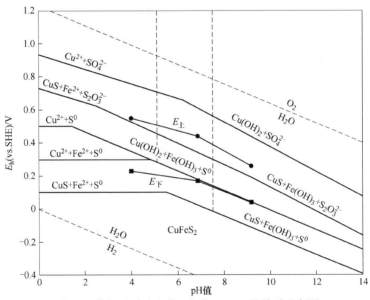

图 6-6 黄铜矿浮选电位区间与 E_h-pH 的关系示意图

时的势垒较大，在热力学分析时假设的势垒较低；还有在实际浮选过程中，人为操作的因素也会产生一定的影响，抑或假设的可溶性组分浓度与实际的浓度有一定误差，导致实际的可浮电位区间上移。E_h-pH 曲线虽与矿物实际的浮选情况存在差异，但其对硫化矿浮选机理研究、硫化矿浮选电化学调控仍提供了较好的理论基础。

6.2 铜镍硫化矿捕收剂诱导浮选行为

为了考察铜镍硫化矿在捕收剂条件下的浮选行为，本节将在不同的 pH 值、矿浆电位条件下考察矿物的浮选回收率。

6.2.1 矿浆 pH 值对铜镍硫化矿捕收剂诱导浮选的影响

取 2.0g 镍黄铁矿和黄铜矿清洗矿物表面氧化膜后，分别用不同 pH 值的缓冲溶液冲入浮选槽中，加入丁基黄药作捕收剂，控制其浓度为 10^{-4}mol/L，考察不同的矿浆 pH 值对铜镍硫化矿捕收剂诱导的矿物浮选行为的影响，试验结果如图 6-7 和图 6-8 所示。

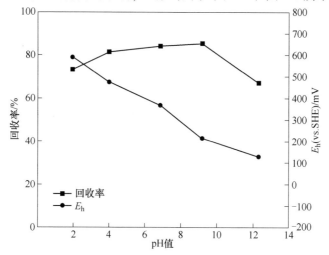

图 6-7 pH 值对镍黄铁矿浮选回收率和矿浆电位的影响

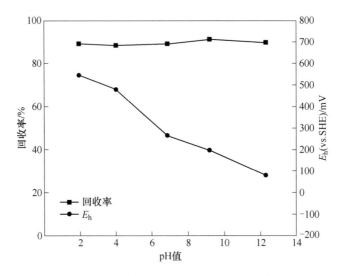

图 6-8 pH 值对黄铜矿浮选回收率和矿浆电位的影响

从图 6-7 和图 6-8 中可以看出，加入丁基黄药作捕收剂后，镍黄铁矿和黄铜矿在全 pH 值范围内均可浮（$R > 50\%$）。镍黄铁矿在 pH 值为 4～10 的范围内，可浮性最好，回收率均在 80% 以上，此时的电位区间在 100～400mV 之间，当 pH 值过高或过低时，镍黄铁矿的回收率有明显的下降。而黄铜矿在全 pH 值范围内，电位区间在 100～600mV 之间的回收率均较高。

6.2.2 矿浆电位对铜镍硫化矿捕收剂诱导浮选的影响

取 2.0g 镍黄铁矿清洗矿物表面氧化膜后，分别用不同 pH 值的缓冲溶液冲入浮选槽中，加入丁基黄药作捕收剂，控制其浓度为 $10^{-4}mol/L$，采用硫代硫酸钠和过硫酸钾来调节矿浆电位，考察不同的矿浆电位对镍黄铁矿捕收剂诱导时的浮选行为的影响，试验结果如图 6-9 所示。

从图 6-9 中可得出, pH 值为 4.01 时捕收剂诱导浮选的可浮电位区间为 190~600mV, pH 值为 6.86 时捕收剂诱导浮选的可浮电位区间为 100~420mV, pH 值为 9.18 时捕收剂诱导浮选的可浮电位区间为 70~260mV。同时, 在 pH 值一定的情况下, 加入丁基黄药作捕收剂后, 与自诱导浮选的电位区间相比, 镍黄铁矿的可浮性电位区间变宽。

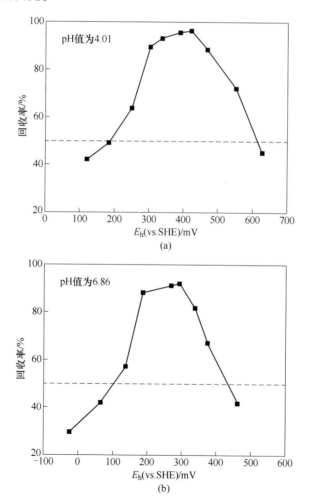

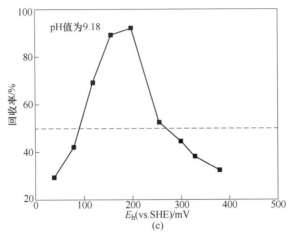

图 6-9　矿浆电位 E_h 值对镍黄铁矿捕收剂诱导浮选回收率的影响

（a）pH 值为 4.01；（b）pH 值为 6.86；（c）pH 值为 9.18

取 2.0g 黄铜矿清洗矿物表面氧化膜后，分别用不同 pH 值的缓冲溶液冲入浮选槽中，加入丁基黄药作捕收剂，控制其浓度为 10^{-4}mol/L，采用硫代硫酸钠和过硫酸钾来调节矿浆电位，考察不同的矿浆电位对黄铜矿捕收剂诱导时的浮选行为的影响，试验结果如图 6-10 所示。

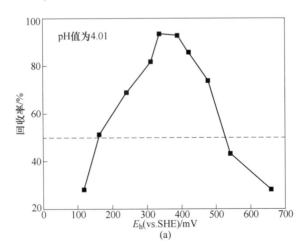

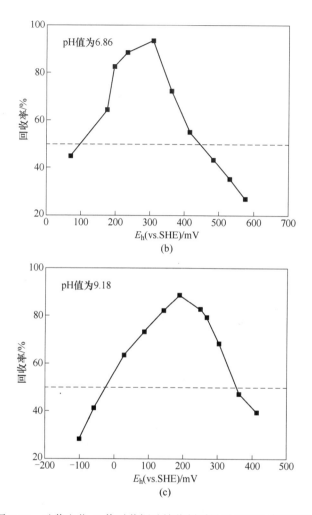

图 6-10 矿浆电位 E_h 值对黄铜矿捕收剂诱导浮选回收率的影响

（a）pH 值为 4.01；（b）pH 值为 6.86；（c）pH 值为 9.18

从图 6-10 中可得出，pH 值为 4.01 时黄铜矿捕收剂诱导浮选的可浮电位区间为 150～560mV，pH 值为 6.86 时捕收剂诱导浮选的可浮电位区间为 120～450mV，pH 值为 9.18 时捕收剂诱导浮选的可浮电位区间为-20~350mV。与镍黄铁矿相类似，在 pH 值一定的情况下，加入丁基黄药作捕收剂后，黄铜矿的可浮性电位区间变宽。

将黄铜矿与镍黄铁矿在丁基黄药浓度为 10^{-4}mol/L 时的可浮性矿浆电位区间进行比较，如图6-11 所示。

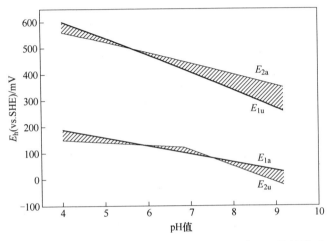

图 6-11 黄铜矿与镍黄铁矿可浮电位上、下限与 pH 值的关系

图6-11 中 E_{1a}、E_{1u} 表示镍黄铁矿的可浮电位上、下限，E_{2a}、E_{2u} 表示黄铜矿的可浮电位上、下限，阴影部分表示黄铜矿与镍黄铁矿的可浮电位区间差异。从图中可以看出，黄铜矿与镍黄铁矿在 pH 值为4.01~9.18 的范围内二者的可浮电位区间重合部分较多，仅在 pH 值为9.18 时的差异略大，当此时的矿浆电位在 300mV 左右时，可以较好地抑制镍黄铁矿仅使黄铜矿上浮。

6.3 铜镍硫化矿电位调控浮选

根据镍黄铁矿与黄铜矿在浮选试验中的浮选特性与矿浆电位、矿浆 pH 值以及捕收剂的关系，进行了人工混合矿的分离试验。试验中镍黄铁矿和黄铜矿的用量均为 4g，分别用超声波处理后，用 pH 值缓冲液冲入 40mL 的浮选槽中进行试验，使用药剂调节矿浆的电位。试验条件和结果见表 6-1。

表 6-1　硫化铜镍矿人工混合矿浮选分离试验结果

试验条件	名称	品位/%		回收率/%	
		Cu	Ni	Cu	Ni
丁基黄药用量：10^{-4} mol/L pH 值为 9.18 $E_h = 294$mV	精矿	27.56	3.48	86.85	11.74
	尾矿	4.59	28.78	13.15	88.26

由表 6-1 可知，二元混合铜镍硫化矿在 pH 值为 9.18、$E_h = 294$mV 时，使用丁基黄药作捕收剂，分离后得到的精矿中含 Cu 27.56%，含 Ni 3.48%，铜回收率为 86.85%，尾矿中含 Cu 4.59%，含 Ni 28.78%，镍回收率为 88.26%，由此说明在此条件下可较好地对黄铜矿和镍黄铁矿进行分离。

6.4　本章小结

本章主要考察了镍黄铁矿和黄铜矿两种硫化矿纯矿物的浮选行为试验，通过试验得到了如下结果：

（1）铜镍硫化矿的矿浆电位均随着矿浆 pH 值的增大而降低。在自诱导浮选条件下，镍黄铁矿在 pH 值为 4.01~9.18 时的可浮性最好。当 pH 值小于 2 或 pH 值大于 12 时，镍黄铁矿的回收率下降明显，而黄铜矿在 pH 值小于 12 的范围均有较好的可浮性，仅在高碱条件下可浮性变差。

（2）在捕收剂诱导浮选过程中，镍黄铁矿的可浮性比自诱导条件下有明显的提高，但强酸和强碱条件下的回收率仍低于 90%；

而黄铜矿在全 pH 值的范围可浮性均较高。

（3）硫化矿物的浮选存在一定的电位范围，超出此电位范围（电位过高或过低）浮选就会受到抑制。根据镍黄铁矿和黄铜矿在不同矿浆电位下的浮选回收率，可以确定其在不同 pH 值条件下的可浮电位区间。

（4）对二元混合铜镍硫化矿进行分离试验表明，在 pH 值为 9.18、$E_h = 294\text{mV}$ 时，使用丁基黄药作捕收剂，分离后得到的精矿中含 Cu 27.56%，含 Ni 3.48%，铜回收率为 86.85%，尾矿中含 Cu 4.59%，含 Ni 28.78%，镍回收率为 88.26%，由此说明在此条件下可较好地对黄铜矿和镍黄铁矿进行分离。

7　捕收剂与铜镍硫化矿表面作用机理

为进一步揭示丁基黄药与硫化铜镍矿的作用机理，采用红外-紫外可见光分光光度计来测定不同 pH 值及矿浆电位下镍黄铁矿及黄铜矿表面产物的吸附量，以此来探明铜镍硫化矿的表面吸附规律[72~87]。

7.1　捕收剂在铜镍硫化矿表面的吸附量的测定

为测定丁基黄药在铜镍硫化矿表面的吸附量，需要先获取丁基黄药的紫外吸收光谱的标准曲线。采用不同浓度的丁基黄药溶液，在波长为 200~400nm 的范围内测定了乙硫氮的紫外吸收光谱，如图 7-1 所示。

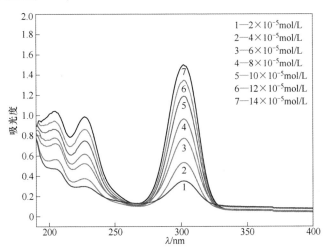

图 7-1　丁基黄药不同浓度条件下的紫外吸收光谱

从图 7-1 中可以看出，丁基黄药的紫外吸收的特征峰在波长为 301nm 处，且在此波长处的吸收峰与丁基黄药的浓度呈现较好的线性关系。据此，绘制出了丁基黄药在 301nm 波长处的紫外吸收光谱的标准曲线，如图 7-2 所示。对标准曲线进行拟合，可以得到标准曲线的方程为：$y = 8.6228x - 0.6462$，拟合度 $R^2 = 0.9989$，拟合度较高。

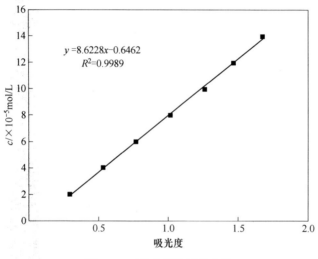

图 7-2 丁基黄药的标准曲线

7.1.1 丁基黄药在镍黄铁矿表面的吸附量

7.1.1.1 pH 值对丁基黄药在镍黄铁矿表面吸附量的影响

取 2g 镍黄铁矿放入小烧杯中，再加入不同的 pH 值缓冲溶液配成矿浆，置于磁力搅拌器上搅拌 2min，再加入配置好的丁基黄药标准溶液，使反应前的矿浆中丁基黄药的浓度为 10^{-4} mol/L，再搅拌 5min 后取下烧杯，静置 20min 后取上清液 10mL 加入离心管中，使用离心机进行分离，10min 后取离心液 2mL 加入石英比色皿中测定其吸光度，并根据丁基黄药的标准曲线推算出溶液中的丁基黄药浓度。在不同 pH 值条件下的丁基黄药与镍黄铁矿作用后的吸光度与回收率的关系如图 7-3 所示，丁基黄药在镍黄铁矿表面的吸附率见表 7-1。

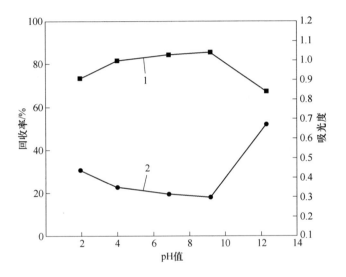

图 7-3 不同 pH 值条件下镍黄铁矿与丁基黄药作用的
吸光度与回收率的关系
1—回收率；2—吸光度

表 7-1 不同 pH 值条件下的镍黄铁矿与丁基黄药作用后的结果分析

pH 值	1.95	4.01	6.86	9.18	12.3
吸光度	0.437	0.350	0.315	0.299	0.673
剩余浓度/10^{-5}mol·L^{-1}	3.12	2.37	2.07	1.93	5.16
镍黄铁矿表面的吸附率/%	68.79	76.28	79.26	80.72	48.44

从图 7-3 和表 7-1 可以看出,当 pH 值为 1.95~9.18 时,随着 pH 值逐渐增大,丁基黄药的吸附量略有上升,随后保持平稳,但当 pH 值达到 12.3 时,镍黄铁矿表面的捕收剂吸附量下降很大,这与之前镍黄铁矿的浮选行为实验结果是相一致的。

7.1.1.2 矿浆电位对丁基黄药在镍黄铁矿表面吸附量的影响

取 2g 镍黄铁矿放入小烧杯中,加入不同的 pH 值缓冲溶液配成矿浆,再加入硫代硫酸钠和过硫酸钾作为矿浆电位的调整剂,其余步骤不变。在不同矿浆电位条件下的丁基黄药与镍黄铁矿作用后的吸光度关系如图 7-4~图 7-6 所示,丁基黄药在镍黄铁矿表面的吸附率见表 7-2~表 7-4。

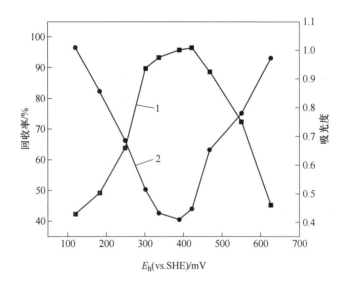

图 7-4 pH 值为 4.01 时矿浆电位对镍黄铁矿与丁基黄药作用后
的吸光度与回收率的关系

1—回收率;2—吸光度

表 7-2 pH 值为 4.01 时不同矿浆电位条件下镍黄铁矿

与丁基黄药作用后的结果分析

矿浆电位(vs. SHE)/mV	121	183	249	302	337	389	422	468	551	627
吸光度	1.009	0.857	0.685	0.514	0.432	0.410	0.447	0.653	0.781	0.974
剩余浓度/10^{-5}mol·L^{-1}	8.06	6.75	5.26	3.78	3.08	2.89	3.21	4.99	6.08	7.75
镍黄铁矿表面的吸附率/%	19.39	32.55	47.38	62.16	69.17	71.08	67.92	50.12	39.16	22.51

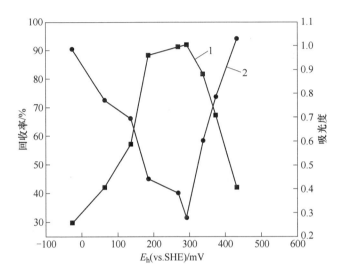

图 7-5 pH 值为 6.86 时矿浆电位对镍黄铁矿与丁基黄药作用后

的吸光度与回收率的关系

1—回收率；2—吸光度

表 7-3 pH 值为 6.86 时不同矿浆电位条件下镍黄铁矿与

丁基黄药作用后的结果分析

矿浆电位(vs. SHE)/mV	88	155	196	235	309	362	428	484	532
吸光度	0.986	0.773	0.695	0.442	0.383	0.280	0.604	0.788	1.030
剩余浓度/10^{-5}mol·L^{-1}	7.86	6.02	5.35	3.17	2.66	1.77	4.56	6.15	8.24
镍黄铁矿表面的吸附率/%	21.42	39.85	46.51	68.33	73.40	82.29	54.39	38.55	17.62

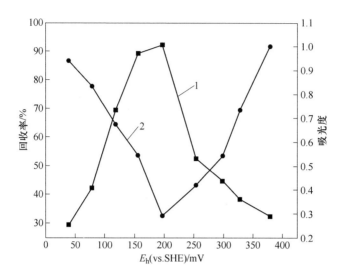

图 7-6 pH 值为 9.18 时矿浆电位对镍黄铁矿与丁基黄药作用后

的吸光度与回收率的关系

1—回收率；2—吸光度

表 7-4 pH 值为 9.18 时不同矿浆电位条件下镍黄铁矿与

丁基黄药作用后的结果分析

矿浆电位(vs. SHE)/mV	45	79	118	156	197	254	299	328	379
吸光度	0.940	0.834	0.675	0.545	0.291	0.419	0.544	0.735	1.001
剩余浓度/10^{-5}mol · L^{-1}	7.46	6.55	5.17	4.05	1.87	2.97	4.05	5.69	7.98
镍黄铁矿表面的吸附率/%	25.37	34.51	48.26	59.47	81.33	70.29	59.54	43.12	20.18

对图 7-6 和表 7-4 进行对比研究可知，在不同的 pH 值条件下，随着矿浆电位的不断升高，丁基黄药的吸附量不断增加，镍黄铁矿的回收率也逐渐增大，但超过一定的电位区间后，镍黄铁矿表面被过度氧化，导致丁基黄药的吸附量开始下降，矿物的可浮性变差，这与之前镍黄铁矿的浮选行为实验结果是相一致的。

7.1.2　丁基黄药在黄铜矿表面的吸附量

7.1.2.1　pH 值对丁基黄药在黄铜矿表面吸附量的影响

取 2g 黄铜矿放入小烧杯中，再加入不同的 pH 值缓冲溶液配成矿浆，置于磁力搅拌器上搅拌 2min，再加入配置好的丁基黄药标准溶液，使反应前的矿浆中丁基黄药的浓度为 10^{-4} mol/L，再搅拌 5min 后取下烧杯，静置 20min 后取上清液 10mL 加入离心管中，使用离心机进行分离，10min 后取离心液 2mL 加入石英比色皿中测定其吸光度，并根据丁基黄药的标准曲线推算出溶液中的丁基黄药浓度。在不同 pH 值条件下的丁基黄药与黄铜矿作用后的吸光度与回收率的关系如图 7-7 所示，丁基黄药在黄铜矿表面的吸附率见表 7-5。

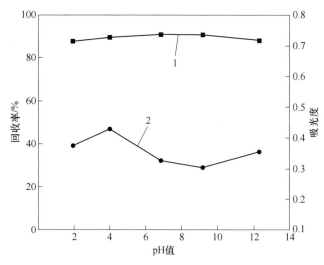

图 7-7　不同 pH 值条件下黄铜矿与丁基黄药作用的吸光度与回收率的关系

1—回收率；2—吸光度

表 7-5 不同 pH 值条件下的黄铜矿与丁基黄药作用后的结果分析

pH 值	1.95	4.01	6.86	9.18	12.3
吸光度	0.374	0.428	0.325	0.303	0.354
剩余浓度/10^{-5}mol·L^{-1}	2.58	3.04	2.16	1.97	2.41
黄铜矿表面的吸附率/%	74.18	69.55	78.43	80.26	75.88

从图 7-7 和表 7-5 可以看出，当 pH 值为 1.95 ~ 12.3 时，随着 pH 值逐渐增大，丁基黄药的吸附量较为平稳，均保持了较高的吸附率，这与之前黄铜矿的浮选行为实验结果是相一致的。

7.1.2.2 矿浆电位对丁基黄药在黄铜矿表面吸附量的影响

取 2g 黄铜矿放入小烧杯中，加入不同的 pH 值缓冲溶液配成矿浆，再加入硫代硫酸钠和过硫酸钾作为矿浆电位的调整剂，其余步骤同上。在不同矿浆电位条件下的丁基黄药与黄铜矿作用后的吸光度与回收率的关系如图 7-8 ~ 图 7-10 所示，丁基黄药在黄铜矿表面的吸附率见表 7-6 ~ 表 7-8。

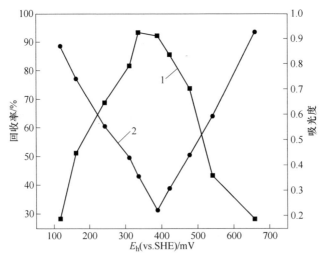

图 7-8 pH 值为 4.01 时矿浆电位对黄铜矿与丁基黄药作用后吸光度与回收率的关系
1—回收率；2—吸光度

表 7-6 pH 值为 4.01 时不同矿浆电位条件下的黄铜矿与

丁基黄药作用后的结果分析

矿浆电位(vs. SHE)/mV	118	163	242	312	337	389	422	478	551	659
吸光度	0.869	0.741	0.553	0.429	0.356	0.222	0.309	0.440	0.593	0.926
剩余浓度/10^{-5} mol · L^{-1}	6.85	5.75	4.12	3.05	2.42	1.26	2.01	3.14	4.47	7.34
黄铜矿表面的吸附率/%	31.49	42.55	58.76	69.48	75.80	87.38	79.86	68.55	55.31	26.58

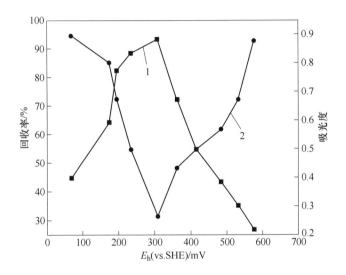

图 7-9 pH 值为 6.86 时矿浆电位对黄铜矿与丁基黄药

作用后吸光度与回收率的关系

1—回收率;2—吸光度

表 7-7 pH 值为 6.86 时不同矿浆电位条件下的黄铜矿与

丁基黄药作用后的结果分析

矿浆电位(vs. SHE)/mV	79	175	196	235	309	362	438	484	532	576
吸光度	0.897	0.801	0.674	0.498	0.265	0.304	0.319	0.569	0.672	0.777
剩余浓度/10^{-5} mol · L^{-1}	7.09	6.26	5.16	3.65	1.64	1.97	2.10	4.26	5.15	6.05
黄铜矿表面的吸附率/%	29.10	37.42	48.36	63.48	83.62	80.28	78.99	57.38	48.52	39.46

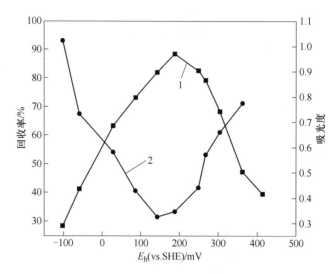

图 7-10 pH 值为 9.18 时矿浆电位对黄铜矿与丁基黄药
作用后吸光度与回收率的关系

1—回收率；2—吸光度

表 7-8 pH 值为 9.18 时不同矿浆电位条件下黄铜矿与丁基黄药作用后的结果分析

矿浆电位(vs. SHE)/mV	28	79	119	156	197	254	296	328	379	439
吸光度	1.023	0.732	0.581	0.429	0.325	0.346	0.441	0.571	0.660	0.775
剩余浓度/10^{-5}mol·L^{-1}	8.18	5.67	4.37	3.05	2.16	3.34	3.15	4.28	5.05	6.03
黄铜矿表面的吸附率/%	18.22	43.32	56.33	69.51	78.42	76.59	68.49	57.17	49.52	39.64

对以上测试结果进行对比后可知，在不同的 pH 值条件下，随
着矿浆电位的不断增大，丁基黄药的吸附量随之增加，黄铜矿的回
收率也逐渐增大，但超过一定的电位区间范围后，黄铜矿表面被过
度氧化，导致丁基黄药的吸附量开始下降，矿物的可浮性变差，这
与之前黄铜矿的浮选行为实验结果是相一致的。

结合之前的热力学分析和循环伏安扫描曲线的结果可知，随着
矿浆电位的升高，丁基黄药开始在镍黄铁矿和黄铜矿表面吸附并生

成双黄药，浮选回收率也随之增大，而当矿浆电位增大到一定程度后，镍黄铁矿和黄铜矿表面被过度氧化，生成了 $S_2O_3^{2-}$、SO_4^{2-}、$Cu(OH)_2$、$Fe(OH)_2$、$Ni(OH)_2$ 等亲水性的氧化物，阻碍了双黄药在硫化矿表面的吸附，浮选回收率也随之下降。

7.2 丁基黄药对镍黄铁矿表面吸附的影响

将丁基黄药、镍黄铁矿纯矿物以及与捕收剂充分作用后的镍黄铁矿纯矿物分别真空干燥，取 $1\sim2mg$ 放入玛瑙研钵中研磨至 $2\mu m$ 以下，加入 150mg 溴化钾粉末，继续研磨 5min，使溴化钾与待测物混合均匀，混合均匀后倒入压片模具中压成半透明的薄片，放入 FT-IR avatar370 型傅里叶变换红外光谱仪中进行分析测试。丁基黄药的红外光谱图如图 7-11 所示，镍黄铁矿与丁基黄药作用前后的红外光谱图如图 7-12 所示。

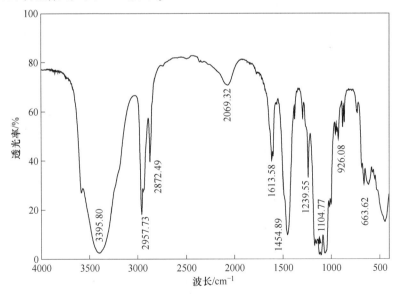

图 7-11 丁基黄药的红外光谱图

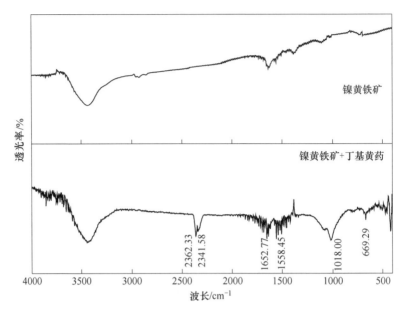

图 7-12 镍黄铁矿与丁基黄药作用前后的红外光谱图

根据相关文献，丁基黄药在 2957.73cm^{-1} 和 2872.49cm^{-1} 处附近为烷烃 CH 的对称伸缩振动和 CH$_2$ 反对称伸缩振动峰，在 1454.89cm^{-1} 处附近为 CH$_3$ 的不对称的变角振动峰，1239.55cm^{-1} 处附近为 C—O—C 的反对称伸缩振动峰，1104.77cm^{-1} 和 926.08cm^{-1} 处附近为硫碳 C ＝S 键的伸缩振动峰，663.62cm^{-1} 处附近为 C—S 的伸缩振动峰。

对比镍黄铁矿与丁基黄药在作用前后的红外光谱图（见图 7-12）可以看出，与丁基黄药作用后的镍黄铁矿表面在 2362.33cm^{-1} 和 2341.58cm^{-1} 处出现了新的双黄药的 C—S—S—C 的对称伸缩振动吸收峰，CH$_3$ 的不对称的变角振动峰升高到了 1558.45cm^{-1} 处附近，1108.00cm^{-1} 处出现了硫碳 C ＝S 键的伸缩振动峰，在 669.29cm^{-1} 处出现了 C—S 的伸缩振动峰。通过对比可以看出，此时丁基黄药是以双黄药的形式吸附在镍黄铁矿的表面，且峰值均较强，说明作用强度较高。

而以上图中均出现的 $3500cm^{-1}$ 处附近和 $1600cm^{-1}$ 处附近出现的峰值是液态的 H_2O 伸缩振动峰和变角振动峰，出现的原因则可能是在试样的准备过程中吸收了空气中的水分所导致的。

对不同 pH 值条件下不同矿浆电位的镍黄铁矿进行红外光谱测试，丁基黄药的浓度为 $10^{-4}mol/L$，得到的试验结果如图 7-13～图7-15 所示。

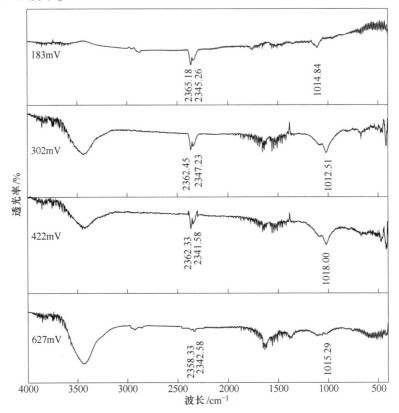

图 7-13　pH 值为 4.01 时不同电位条件下镍黄铁矿与丁基黄药作用后的红外光谱图

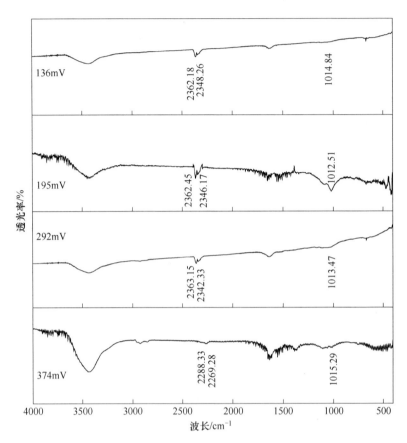

图 7-14 pH 值为 6.86 时不同电位条件下镍黄铁矿与
丁基黄药作用后的红外光谱图

从图 7-13~图 7-15 中可以看出，在不同的 pH 值条件下，随着矿浆电位的升高，镍黄铁矿表面双黄药的特征吸收峰逐渐增强，说明双黄药的吸附量在逐渐增多，矿物表面的疏水性提高，但当矿浆电位升高到一定程度后，吸收峰的强度反而减弱，这可能是镍黄铁矿表面发生了自身氧化，阻碍了双黄药的吸附，降低了镍黄铁矿的可浮性。在电位变化的过程中，$2300cm^{-1}$ 处的双黄药特征峰形状和

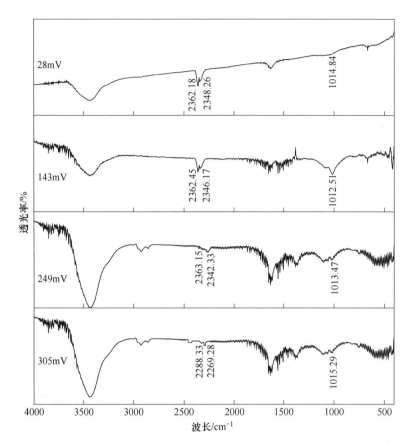

图 7-15　pH 值为 9.18 时不同电位条件下镍黄铁矿与
丁基黄药作用后的红外光谱图

位置均没有较大变动，说明镍黄铁矿表面生成的疏水性物质仍然是
双黄药，并没有发生变化。

7.3　丁基黄药对黄铜矿表面吸附的影响

对黄铜矿和与丁基黄药作用后的纯矿物进行红外光谱测试，得
到的结果如图 7-16 所示。

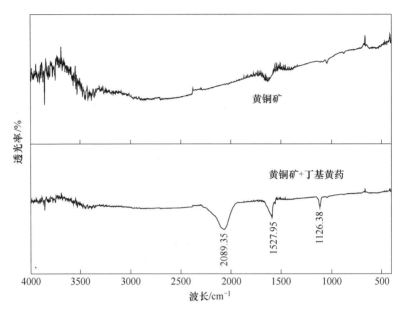

图 7-16 黄铜矿与丁基黄药作用前后的红外光谱图

对比黄铜矿与丁基黄药在作用前后的红外光谱图可以看出，与丁基黄药作用后的黄铜矿表面在 2099.35cm^{-1} 处出现了新的双黄药的 C—S—S—C 的对称伸缩振动吸收峰，CH$_3$ 的不对称的变角振动峰升高到了 1527.95cm^{-1} 处附近，1126.38cm^{-1} 处出现了硫碳 C ═S 键的伸缩振动峰。可以看出，此时丁基黄药同样是以双黄药的形式吸附在黄铜矿的表面，与镍黄铁矿相类似。

对 pH 值为 6.86 的条件下不同矿浆电位的黄铜矿进行红外光谱测试，丁基黄药的浓度为 10^{-4} mol/L，得到的试验结果如图 7-17 所示。

从图 7-17 可以看出，与镍黄铁矿相类似，随着矿浆电位的升高，黄铜矿表面双黄药的特征吸收峰略有提升，说明双黄药的吸附量在逐渐增多，矿物表面的疏水性提高；然而，当矿浆电位升高到

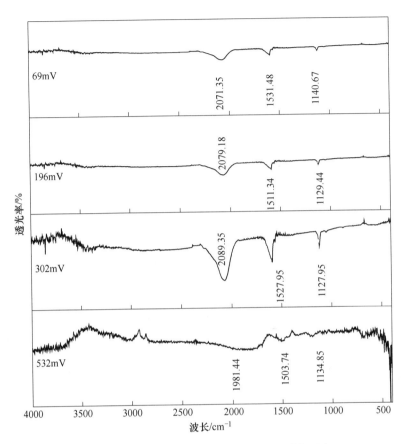

图 7-17　pH 值为 6.86 时不同电位条件下黄铜矿与
丁基黄药作用后的红外光谱图

一定程度后，黄铜矿的表面并没有明显的减弱。在电位变化的过程中，2100cm^{-1} 处的双黄药特征峰形状和位置均没有较大变动，说明镍黄铁矿表面生成的疏水性物质仍然是双黄药，并未发生改变。

7.4　本章小结

本章通过红外光谱测试和吸附量测试研究了硫化铜镍矿与丁基

黄药作用后的表面产物及作用机理。研究结果如下：

（1）镍黄铁矿和黄铜矿与丁基黄药作用后的产物主要是双黄药，这与热力学及循环伏安测试的结果是相一致的。

（2）紫外吸附量测定和红外光谱研究表明，随着矿浆电位的升高，丁基黄药开始在镍黄铁矿和黄铜矿表面吸附并生成双黄药，浮选回收率也随之增大，而当矿浆电位升高到一定程度后，镍黄铁矿和黄铜矿表面被过度氧化，生成了 $S_2O_3^{2-}$、SO_4^{2-}、$Cu(OH)_2$、$Fe(OH)_2$、$Ni(OH)_2$ 等亲水性的氧化物，阻碍了双黄药在硫化矿表面的吸附，浮选回收率也随之下降。

（3）镍黄铁矿和黄铜矿与丁基黄药作用后，在一定的矿浆电位区间内，其表面产物的红外光谱强度、吸附量与浮选回收率均有一定的对应关系，且表面产物的种类不随矿浆电位的变化而改变。

8 难选铜镍硫化矿清洁选矿
工艺小型试验

前面几章以黄铜矿、镍黄铁矿为研究对象，利用电化学原理与实验方法对黄铜矿、镍黄铁矿等硫化矿的表面氧化行为、电化学浮选行为及机理进行了研究，探索了新型选铜酯类捕收剂 LP-01 与几种硫化矿物的作用机理。本章主要结合国内铜镍硫化矿浮选实际，将电位调控浮选工艺应用于铜镍硫化矿的生产实践[88~111]。

在制定铜镍硫化矿石选别工艺时，铜镍硫化矿石中各种矿物的含量比例、硫化矿物集合体的嵌布粒度、不同硫化矿物之间的镶嵌关系以及脉石矿物种类是需要考虑的主要因素。目前使用较多的铜镍硫化矿选矿方法是通过浮选分离硫化矿物与硅酸盐脉石矿物，达到分离富集有价金属的目的。由于铜在镍冶炼过程中损失较小，因此铜镍硫化矿浮选时可以得到铜镍混合精矿直接进行冶炼，也可以铜镍分离后再进行冶炼处理。利用闪速炉熔炼镍精矿具有单炉处理能力大、节能环保、连续作业的优点，但要求精矿中 MgO 含量不能高于 6.8%。因此，国内各铜镍硫化矿在选矿生产中，通常将镍浮选回收率作为主要考虑要素，并把控制镍精矿中 MgO 含量作为重点，而忽略铜镍硫化矿之间的浮选分离，导致硫化铜矿物的回收率相对不高，进而影响矿产资源的综合利用水平与矿业企业的经济效益。

吉林通化吉恩镍业有限责任公司所属的铜镍矿石矿物组成复

杂、种类繁多，主要金属矿物有黄铜矿、镍黄铁矿、黄铁矿、红砷镍矿、针硫镍矿、斜方镍矿、磁铁矿、磁黄铁矿等；非金属矿物有蛇纹石、透闪石、辉石、橄榄石、绢石、绿泥石等。目前公司下属选矿厂采用"铜镍混浮—铜镍分离"的工艺流程对该铜、镍矿石进行了分选，但因矿石性质复杂，选矿废水处理难度大，废水回用困难，导致生产废水无法循环利用，同时铜镍矿物的分选指标也有进一步的提升空间。为此，吉林通化吉恩镍业有限责任公司委托项目组对该铜镍矿石进行选矿试验和生产废水循环利用研究，以优化铜镍浮选工艺流程，解决生产废水循环利用的难题，为今后生产和废水回用提供指导依据。

8.1 矿石性质概述

8.1.1 试样多元素分析

对吉林通化吉恩镍业有限责任公司采取的综合性试样的多元素分析结果见表 8-1。

表 8-1 原矿化学成分分析结果

成分	Cu	Ni	Zn	S	SiO_2	Fe	CaO
含量/%	0.68	0.96	0.01	3.51	35.69	12.24	2.70
成分	MgO	As	Al_2O_3	Sn	Ag	Au	Pb
含量/%	11.20	0.14	8.03	0.11	6.00g/t	0.25g/t	0.01

由表 8-1 可见，矿石中的铜、镍含量相对较高，是主要回收的元素，主要的脉石是含 SiO_2 和 MgO 的矿物。

8.1.2 试样的矿物组成

原矿试样中铜镍矿物物相分析结果见表 8-2。

表 8-2　原矿铜镍矿物物相分析结果　　　　　（%）

物　　相	铜物相				
	原生硫化铜	次生硫化铜	自由氧化铜	结合氧化铜	总铜
含　量	0.71	0.46	0.04	0.05	0.65
占有率	89.07	3.12	0.36	7.45	100.00
物　　相	镍物相				
	硫化镍	氧化镍	硫酸镍	硅酸镍	总镍
含　量	0.99	0.09	0.01	0.09	0.93
占有率	93.54	4.62	0.43	1.41	100.00

从试样成分分析结果可以看出，本矿石中可供利用的有价元素主要为 Cu、Ni，而从原矿物相分析结果可知，铜矿物和镍矿物的氧化率都较低，主要回收对象的硫化矿含量都达到 90% 左右。

8.1.3　试样的矿物组成

矿石中金属矿物主要有黄铜矿、镍黄铁矿、红砷镍矿、针硫镍矿、斜方镍矿、紫硫镍矿、蓝辉铜矿、磁铁矿、白铁矿、磁黄铁矿、钛铁矿、褐铁矿等。

非金属矿物主要有蛇纹石、橄榄石、辉石、透闪石、绢石、黑云母-金云母、方解石、石英、绿泥石等。

8.1.4　试样的矿物含量

矿石中矿物含量见表 8-3。

表 8-3　矿物相对含量　　　　　（%）

矿物名称	含量	矿物名称	含量	矿物名称	含量
黄 铜 矿	0.61	黄 铁 矿	3.18	黑云母	3.00
蓝辉铜矿	偶见	白 铁 矿	3.38	绢 石	1.85

矿物名称	含量	矿物名称	含量	矿物名称	含量
红砷镍矿	0.94	磁铁矿	10.33	绿泥石	8.03
斜方镍矿	微量	钛铁矿	4.00	方解石	4.80
针硫镍矿	偶见	褐铁矿	微量	石 英	3.00
紫硫镍矿	少量	蛇纹石	32.35	辉 石	4.48
磁黄铁矿	1.00	橄榄石	11.85		

由表 8-3 矿物含量统计结果可知，铜矿物与镍矿物占矿物总量的近 2%，黄铁矿和磁铁矿含量还高于铜、镍矿物含量，其他金属矿物如褐铁矿、磁黄铁矿等含量较少，其余为脉石矿物，主要为蛇纹石、橄榄石、辉石和绿泥石等。

8.1.5 试样的构造与结构

试样的构造有：

（1）浸染状构造：黄铜矿、黄铁矿、红砷镍矿等呈浸染状分布。

（2）脉状构造：黄铜矿、黄铁矿呈细脉状穿切脉石。

（3）星散状构造：黄铜矿、红砷镍矿呈星散状分布于矿石中。

（4）斑点状构造：黄铜矿、红砷镍矿、黄铁矿聚集成斑点状。

（5）细脉浸染状构造：由黄铜矿、黄铁矿细脉和浸染状黄铜矿、红砷镍矿、黄铁矿分布组成的细脉浸染状构造。

试样的结构有：

（1）他形结构：黄铜矿、红砷镍矿呈他形晶产出。

（2）交代网环结构：蛇纹石、黄铜矿、红砷镍矿沿橄榄石网环状裂隙充填交代。

（3）交代显微文象结构：黄铜矿、红砷镍矿交代橄榄石呈显微文象。

（4）交代横纤维结构：纤维状蛇纹石脉中的蛇纹石，垂直脉壁生长成横纤维状。

（5）反应边结构：辉石绕橄榄石周围呈垂直生长。

（6）蠕虫状结构：黄铜矿、红砷镍矿呈蠕虫状分布于脉石中。

（7）海绵陨铁结构：黄铜矿、黄铁矿、红砷镍矿等集合体，在局部充填于橄榄石在等脉石间。

（8）交代残余结构：橄榄石被蛇纹石交代残余孤岛状。

8.1.6　矿物嵌布特征

黄铜矿嵌布特征：黄铜矿多呈他形不规则状集合体分布；有的呈尘埃状、虫状、显微文象状等分布于脉石矿物粒间，并与白铁矿、红砷镍矿连生；有的呈星散状、浸染状与其他矿物组成细脉穿切在脉石矿物中；少数黄铜矿呈网环状、蠕虫状、文象状等形态沿橄榄石裂纹充填，并与蛇纹石连生，有的则交代于磁铁矿、钛铁矿边缘。同时黄铜矿与红砷镍矿、针硫镍矿等连生致密。

红砷镍矿嵌布特征：红砷镍矿是主要的镍矿物，多呈不规则粒状、蠕虫状、纤维文象状等形态，与浸染状、星点状或与其他硫化矿物聚集成团粒细脉状。主要与黄铜矿、白铁矿、黄铁矿呈不规则、规则状连生分布，也有的红砷镍矿与黄铜矿组成细脉穿切在矿石中。同时红砷镍矿与橄榄石、辉石关系密切，与蛇纹石等脉石矿物共同交代橄榄石，沿橄榄石裂纹充填，呈蠕虫状、网环状、文象状分布。

紫硫镍矿嵌布特征：紫硫镍矿含量稀少，呈不规则状分布于脉石粒间，个别颗粒被黄铜矿包裹。

斜方镍矿嵌布特征：斜方镍矿含量稀少，多呈粒状零星分布在脉石矿物中，偶见个别颗粒与红砷镍矿连生。

磁黄铁矿嵌布特征：磁黄铁矿分布较广泛，呈不规则状、浸染状、点状分布于脉石中，有的与黄铜矿、红砷镍矿连生。

针镍矿嵌布特征：针镍矿含量稀少，偶见个别分布于磁黄铁矿中，呈针状平行排列。粒径在 0.001mm×0.100mm 左右。

8.1.7 矿石矿物的嵌布粒度

取原矿 2~0mm 综合样，经过分级过筛后，分别磨制成砂光片，在显微镜下测定矿物的粒级分布，测试结果见表 8-4。

表 8-4 矿石矿物粒级分布

粒级范围/mm	铜矿物/%		镍矿物/%	
	个别	累计	个别	累计
-2.00+0.64	10.30	—	5.00	—
-0.64+0.32	20.61	30.91	12.44	17.44
-0.32+0.16	20.61	51.52	26.16	43.60
-0.16+0.08	21.90	73.42	23.98	67.58
-0.08+0.04	15.46	88.88	22.89	90.47
-0.04+0.02	8.06	96.94	6.00	96.47
-0.02+0.01	3.06	100.00	3.53	100.00
合 计	100.00	—	100.00	—

由表 8-4 可见，铜、镍矿物嵌布粒度较宽，跨粗、中、细三个粒级，分布范围较广。从铜、镍矿物在各粒级中的分布率可知，-2.00+0.32mm 的粗粒级中铜、镍矿物含量一般，而 -0.32+0.08mm 的中粒级中铜、镍矿物含量较多，在 -0.08mm 的细粒级中仍有较多的铜、镍矿物分布。可见铜、镍矿物嵌布粒度较广，且分布不均匀，属不等粒的嵌布类型。同时在 -0.04mm 的微细粒级仍有近 10% 左右的铜、镍矿物分布，这部分铜、镍矿物嵌布粒度微

细，难以回收，将给铜、镍矿物的浮选分离带来很大的影响，影响铜、镍矿物的回收率。

8.1.8 矿物单体解离度测定

取 2~0mm 的综合样品，经筛分后，磨制成砂光片，在显微镜下测定铜矿物、镍矿物的单体解离度，测定结果见表 8-5 和表 8-6。

表 8-5 铜矿物单体解离度测定结果

粒度范围/mm	产率 /%	单体含量/%	连生体含量/%		
			1/4	2/4	3/4
-2.00+0.45	63.00	37.50	28.12	25.00	9.38
-0.45+0.15	16.00	60.87	8.70	13.04	17.39
-0.15+0.076	7.00	66.27	7.10	14.01	12.43
-0.076+0.045	4.00	89.80	1.00	5.12	4.08
-0.045	10.00	90.08	0.87	1.75	1.31
合　计	100.00	50.60	19.73	19.20	9.86

由表 8-5 可见，铜矿物单体解离很差，+0.076mm 才 66.27%，+0.045mm 也仅 90.08%。这与黄铜矿的嵌布特征较复杂、嵌布粒度细微有关。

表 8-6 镍矿物单体解离度测定结果

粒度范围/mm	产率 /%	单体含量/%	连生体含量/%		
			1/4	2/4	3/4
+0.45	63.00	41.38	17.24	13.79	41.38
-0.45+0.15	16.00	48.84	6.93	12.54	31.68
-0.15+0.076	7.00	83.48	2.32	4.64	9.57
-0.076+0.045	4.00	92.45	0.94	3.77	2.83
-0.045	10.00	94.11	0.83	3.31	12.24
合　计	100.00	52.84	12.25	11.50	33.15

从表 8-6 可见，由于镍矿物嵌布特征复杂，嵌布粒度细微，致使镍矿物单体解离很差。从镍矿物单体解离情况看，+0.045mm 也仅 92.45%，-0.045mm 粒级也未能达到完全解离，对选矿不利。

8.1.9 矿石性质研究小结

（1）矿石矿物种类繁多，组成复杂。其中金属矿物主要有黄铜矿、黄铁矿、红砷镍矿、针硫镍矿、斜方镍矿、紫硫镍矿、蓝辉铜矿、磁铁矿、白铁矿、磁黄铁矿、钛铁矿、褐铁矿等。非金属矿物主要有蛇纹石、橄榄石、辉石、透闪石、绢石、黑云母-金云母、方解石、石英、绿泥石等。

（2）矿石中矿物嵌布特征复杂，包裹交代等特征较为常见。其中铜、镍矿物普遍被脉石矿物包裹，多呈脉状、星点状穿切镶嵌在脉石矿物中。同时铜、镍矿物连生明显，黄铜矿与红砷镍矿、针硫镍矿等连生致密。矿石中矿物嵌布粒度广泛，分布不均匀，在粗、中、细甚至微细粒级均有分布，属不等粒的复杂嵌布类型，在-0.04mm 的微细粒级仍有近 10% 的铜、镍矿物分布，难以回收，将给铜、镍矿物的浮选分离带来很大的影响，同时也影响铜、镍矿物的回收率。

（3）从矿石中目的矿物单体解离情况看，铜、镍矿物单体解离较差。+0.045mm 也仅 90% 左右，-0.045mm 粒级也未能达到完全解离，对选矿不利。

综上所述，该矿石中矿物种类多且复杂，铜镍矿物嵌布特征复杂，单体解离差，属复杂难选铜镍矿石。

8.2 选矿试验方案论证

8.2.1 铜镍选矿方案的确定

根据矿石氧化率的不同，可将矿石分为三大类：硫化矿、氧化矿和混合矿。而对于铜镍硫化矿，通常采用浮选的方法来回收。硫化铜镍矿的处理方法视原矿中镍品位的高低而定，含镍 3% 以上的高品位镍铜矿通常直接进行冶炼，而低品位镍铜矿要先通过浮选富集，才能得到合格的镍铜精矿。本矿石含铜 0.66%、含镍 0.94%，所以确定采用浮选的选别方法对其进行回收。

由工艺矿物学研究结果可知，该矿石矿物组成复杂，种类繁多，铜、镍矿物嵌布特征复杂，连生致密，且多沿脉石矿物解离、纤维间分布，矿石中铜、镍矿物单体解离度差，粒度分布范围较广，属于复杂难选铜镍矿石。为此，针对该矿石工艺矿物学性质，提出三种回收该铜镍矿物的工艺方案：（1）铜镍依次优先浮选工艺方案；（2）铜镍混合浮选工艺方案；（3）铜镍等可浮浮选工艺方案。三种方案具体流程如下：

（1）铜镍优先浮选方案。采用抑镍浮铜优先浮选的工艺流程，先对镍矿物进行抑制，之后再浮选铜矿物，铜尾经活化后再回收镍矿物。试验原则流程如图 8-1 所示。

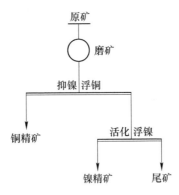

图 8-1 铜镍优先浮选工艺流程

（2）铜镍混合浮选方案。采用铜镍混合浮选的工艺流程，先将原矿中的铜镍矿物一起浮出，在精选得到合格的铜镍混合精矿后再进行铜镍分离。试验原则流程如图 8-2 所示。

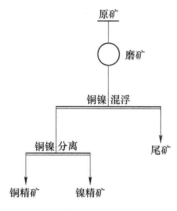

图 8-2 铜镍混合浮选工艺流程

（3）铜镍等可浮浮选方案。采用等可浮浮选的工艺流程，利用对铜具有高选择性的捕收剂浮选铜矿物，为了提高铜回收率，同时避免镍矿物被抑制后活化困难，在浮铜过程中不对镍矿物进行抑制，使与铜矿物连生好浮的镍矿物一并浮选，将粗选得到的铜矿物和部分镍矿物精选后进行铜镍分离，得到铜精矿和部分镍精矿。铜尾经活化后再回收另一部分镍矿物。试验原则流程如图 8-3 所示。

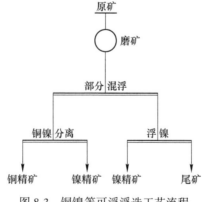

图 8-3 铜镍等可浮浮选工艺流程

三种工艺方案各有其优缺点：优先浮选工艺方案可以直接得到合格的铜、镍精矿，但回收率可能会偏低，尤其是镍矿物被抑制后活化困难；混合浮选可以得到回收率较高的铜镍混合精矿，但混合精矿进行铜镍分离时比较困难，尤其是低铜高镍的矿石分离时更困难，可能会出现铜镍互含严重，不利于控制等问题；等可浮浮选是先浮出铜矿物和部分连生好浮的镍矿物，这样得到的混合精矿在进行铜镍分离时更简单，之后铜尾再回收另一部分镍矿物，保证了镍的回收率，但其可行性还要通过选矿试验来确定。

综上所述，三种工艺方案各有可取之处，后续试验也将根据这三种方案进行详细的可选性试验研究。

8.2.2 需要解决的关键技术问题

由于该类铜镍硫化矿石性质复杂、硅酸盐类脉石矿物易于泥化、金属矿物与目的矿物赋存形式多样，矿石类型与有用矿物嵌布关系复杂，目的矿物嵌布粒度不均匀、单体解离差，使得所采用的工艺流程与药剂条件不能很好地适应该类资源的矿石特性与矿石性质的变化。特别是近 40 年来随着矿石开采深度的加大，深部矿体原矿性质明显变化，铜镍入选品位进一步下降，而脉石矿物性质更为复杂，目前原矿中铜品位为 0.25% ~ 0.33%、镍品位为 0.38% ~ 0.54%，导致当前选别工艺在开发利用此类资源时效果不理想，资源整体利用水平显著降低，主要原因如下：

（1）原矿性质复杂，铜镍矿物嵌布粒度不均匀。矿石中铜镍矿物粒度分布不均匀，嵌布范围较广，属极不等粒的不均匀嵌布，而生产过程中未能根据此矿石特性配置相应选别流程。

（2）铜镍矿物赋存形式复杂，可浮性差异大。生产上普遍采用铜镍混合浮选的工艺流程对此类资源进行分选，但未考虑到铜镍矿物赋存形式多样与可浮性差异大的影响，未能根据矿石粒度对可浮性影响的变化规律匹配最佳的选别工艺与流程结构，导致铜镍选别指标不佳。

（3）铜镍矿物嵌布粒度细，单体解离差。生产上未能选择合适的碎磨工艺来实现生产能力的提高与铜镍矿物充分的单体解离。

（4）混合精矿药剂残留严重，铜镍分离不彻底。铜镍混合精矿残留的捕收剂、抑制剂等药量较大，生产上未能根据铜镍矿物的共生关系与药剂残留情况选择合适的分离前预先处理工艺，导致铜镍分离指标不佳。

（5）脉石矿物易于泥化，对选别流程干扰较大。矿石中脉石矿物主要为橄榄石、绿泥石、蛇纹石、辉石等硅酸盐类脉石矿物，它们性质复杂，易于泥化，将影响铜镍分选的主流程。

（6）选矿废水净化处理困难。铜镍硫化矿普遍赋存于基性或超基性岩中，进而导致选矿废水中固体悬浮物与微细粒子含量高且自由沉降困难，而生产上所采用的废水净化处理工艺未能充分考虑到胶体悬浮颗粒的表面电性及沉降规律，导致废水净化效果不佳，回用困难。

（7）矿石入选后矿浆中的 Fe^{2+}、Fe^{3+}、Ca^{2+}、Mg^{2+} 等难免离子对铜镍分选流程有较大影响，而生产上未能采取合适有效的办法降低干扰。

据此，该类难选铜镍硫化矿高效清洁选矿亟需解决的关键技术问题为：

（1）基于铜镍主金属矿物可浮性差异与嵌布粒度特性，开发铜镍硫化矿高效浮选新工艺，实现铜、镍矿物高效回收。

（2）基于铜、镍目的矿物共生关系与捕收剂作用机理，研发高效铜矿物捕收剂，实现铜、镍矿物的高效分离。

（3）基于铜镍选矿废水特性与胶体颗粒沉降规律，开发高效适宜的铜镍选矿废水净化处理新工艺，实现铜镍选矿废水净化治理后循环回用。

8.2.3 技术路线

在系统的工艺矿物学研究基础上，通过研究矿石中主要组成矿物的表面性质、浮选行为及浮选动力学，结合新型高效捕收剂、废水絮凝剂等药剂的研发及应用，提出了"难选铜镍硫化矿清洁选矿新工艺"的技术路线，如图8-4所示。

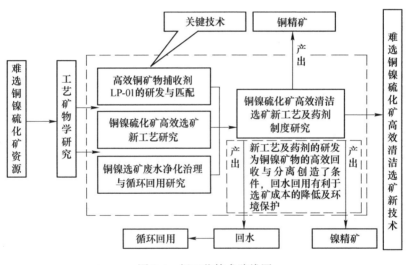

图8-4 新工艺技术路线图

8.3 铜镍优先浮选工艺方案试验

铜镍优先浮选工艺方案是采用抑镍浮铜优先浮选的工艺流程，先将镍矿物进行抑制，之后再浮选铜矿物，铜尾经活化后再回收镍矿物。以下试验将围绕铜镍依次优先浮选工艺方案进行详细的选矿试验研究。

8.3.1 铜粗选捕收剂种类对铜浮选的影响

本试验主要研究了铜粗选捕收剂种类条件试验，主要考察了 LP-01、Z-200 号、Mac-12、丁基黄药对选铜指标的影响。试验流程如图 8-5 所示，试验结果见表 8-7。

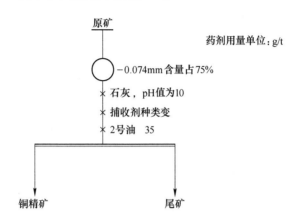

图 8-5　铜粗选捕收剂种类条件试验流程

表 8-7　铜粗选捕收剂种类对铜浮选的影响

捕收剂种类	产品名称	产率/%	品位/%		回收率/%	
			Cu	Ni	Cu	Ni
LP-01 28g/t	铜精矿	10.02	5.02	4.26	76.21	44.46
	尾矿	89.98	0.17	0.59	23.79	55.54
	原矿	100.00	0.66	0.96	100.00	100.00
Z-200 号 28g/t	铜精矿	14.38	3.31	3.31	75.55	51.74
	尾矿	85.62	0.18	0.52	24.45	48.26
	原矿	100.00	0.63	0.92	100.00	100.00
Mac-12 100g/t	铜精矿	10.33	4.18	3.39	68.54	37.25
	尾矿	89.67	0.22	0.66	31.46	62.75
	原矿	100.00	0.63	0.94	100.00	100.00

捕收剂种类	产品名称	产率/%	品位/%		回收率/%	
			Cu	Ni	Cu	Ni
丁基黄药100g/t	铜精矿	16.24	3.01	3.02	75.20	52.18
	尾矿	83.76	0.19	0.54	24.80	47.82
	原矿	100.00	0.65	0.94	100.00	100.00

由表 8-7 可见，采用 LP-01 作铜粗选捕收剂时，不论铜品位还是铜回收率都最高，且铜粗精矿中杂质镍的含量较少。因此，选取 LP-01 作为后续试验中铜粗选的捕收剂。

8.3.2 铜粗选捕收剂用量对铜浮选的影响

选取 LP-01 作为铜粗选捕收剂，本试验主要考察了 LP-01 用量对选铜指标的影响。试验流程图如图 8-6 所示，试验结果见表 8-8。

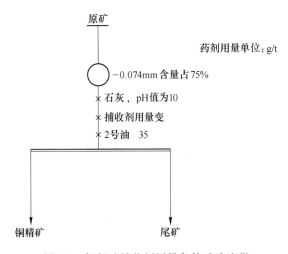

图 8-6 铜粗选捕收剂用量条件试验流程

表 8-8　铜粗选捕收剂用量对铜浮选的影响

LP-01 用量/g·t^{-1}	产品名称	产率 /%	品位/%		回收率/%	
			Cu	Ni	Cu	Ni
14	铜精矿	7.96	5.18	3.77	67.59	31.59
	尾矿	92.04	0.21	0.71	32.41	68.41
	原矿	100.00	0.61	0.95	100.00	100.00
21	铜精矿	9.04	5.11	3.94	73.32	38.30
	尾矿	90.96	0.18	0.63	26.68	61.70
	原矿	100.00	0.63	0.93	100.00	100.00
28	铜精矿	10.02	5.02	4.26	76.21	44.46
	尾矿	89.98	0.17	0.59	23.79	55.54
	原矿	100.00	0.66	0.96	100.00	100.00
35	铜精矿	12.24	4.08	4.02	76.83	50.73
	尾矿	87.76	0.17	0.54	23.17	49.27
	原矿	100.00	0.65	0.97	100.00	100.00

由表 8-8 可见，随着 LP-01 用量的增加，铜粗精矿中铜回收率逐渐升高。当 LP-01 用量为 28g/t 时，铜粗精矿的选别指标最好。此后若继续增大 LP-01 的用量，粗精矿中铜回收率变化不大而镍的含量有所升高。因此，在后续试验中 LP-01 的用量定为 28g/t。

8.3.3　铜粗选石灰用量对铜浮选的影响

采用铜-镍优先浮选方案时必须先对镍矿物进行抑制，通常采用石灰抑制镍矿物，且效果较好。因此本次试验采用石灰作镍矿物抑制剂，并考察石灰用量对铜粗选指标的影响。试验流程图如图 8-7 所示，试验结果见表 8-9。

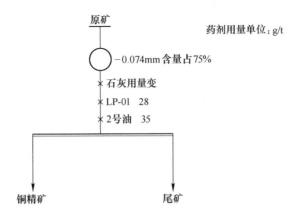

图 8-7　铜粗选石灰用量条件试验流程

表 8-9　铜粗选石灰用量对铜浮选的影响

石灰用量 /g·t⁻¹	产品名称	产率 /%	品位/%		回收率/%	
			Cu	Ni	Cu	Ni
500 (pH 值 为 8)	铜精矿	12. 07	4. 35	4. 69	79. 55	57. 76
	尾矿	87. 93	0. 15	0. 47	20. 45	42. 24
	原矿	100. 00	0. 66	0. 98	100. 00	100. 00
750 (pH 值 为 9)	铜精矿	10. 86	4. 63	4. 21	77. 36	48. 64
	尾矿	89. 14	0. 17	0. 54	22. 64	51. 36
	原矿	100. 00	0. 65	0. 94	100. 00	100. 00
1000 (pH 值 为 10)	铜精矿	10. 02	5. 02	4. 26	76. 21	44. 46
	尾矿	89. 98	0. 17	0. 59	23. 79	55. 54
	原矿	100. 00	0. 66	0. 96	100. 00	100. 00
1500 (pH 值 为 11)	铜精矿	9. 54	4. 96	4. 15	73. 94	42. 57
	尾矿	90. 46	0. 18	0. 59	26. 07	57. 43
	原矿	100. 00	0. 64	0. 93	100. 00	100. 00
2000 (pH 值 为 12)	铜精矿	8. 86	4. 88	4. 02	69. 74	37. 49
	尾矿	91. 14	0. 21	0. 65	30. 26	62. 51
	原矿	100. 00	0. 62	0. 95	100. 00	100. 00

由表 8-9 可见, 随着石灰用量的增大, 铜粗精矿中镍的含量逐渐减少。当石灰用量为 1000g/t, 即矿浆 pH 值为 10 左右时, 铜粗精矿的选别指标最好。因此, 在后续试验中铜粗选石灰用量定为 1000g/t。

8.3.4 铜粗选磨矿细度对铜浮选的影响

磨矿细度决定了铜、镍矿物与脉石矿物是否充分单体解离, 本试验主要探索了磨矿细度对选铜指标的影响, 试验流程如图 8-8 所示, 试验结果见表 8-10。

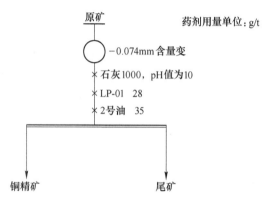

图 8-8 铜粗选磨矿细度条件试验流程

表 8-10 铜粗选磨矿细度对铜浮选的影响

磨矿细度 (−0.074mm 含量)	产品名称	产率 /%	品位/%		回收率/%	
			Cu	Ni	Cu	Ni
70	铜精矿	9.05	5.12	4.36	73.55	42.43
	尾矿	90.95	0.18	0.59	26.45	57.57
	原矿	100.00	0.63	0.93	100.00	100.00
75	铜精矿	10.02	5.02	4.26	76.21	44.46
	尾矿	89.98	0.17	0.59	23.79	55.54
	原矿	100.00	0.66	0.96	100.00	100.00

磨矿细度 (-0.074mm 含量)	产品名称	产率 /%	品位/%		回收率/%	
			Cu	Ni	Cu	Ni
78	铜精矿	10.52	4.86	4.02	77.47	44.05
	尾矿	89.48	0.17	0.60	22.53	55.95
	原矿	100.00	0.66	0.96	100.00	100.00
80	铜精矿	10.35	4.95	4.08	78.82	45.90
	尾矿	89.65	0.15	0.56	21.18	54.10
	原矿	100.00	0.65	0.92	100.00	100.00
82	铜精矿	10.82	4.92	4.11	79.45	45.85
	尾矿	89.18	0.15	0.59	20.55	54.15
	原矿	100.00	0.67	0.97	100.00	100.00

由表 8-10 可见，随磨矿细度（-0.074mm 含量）由 70% 增大到 82%，铜粗精矿中铜回收率逐渐升高。当磨矿细度（-0.074mm 含量）为 82% 时，铜粗精矿的选别指标最好。因此后续试验中铜粗选的磨矿细度选取 82% 左右较为合适。

8.3.5 铜精选 CMC 用量对铜选矿指标的影响

由工艺矿物学研究结果可知，矿石中主要的脉石矿物为蛇纹石、辉石、绿泥石等含镁的脉石矿物；在试验过程中也发现，铜粗精矿中含有较多的含镁脉石矿物。为了得到合格的镍精矿，需要对这些脉石矿物进行强烈的抑制，而这些脉石矿物的抑制剂中 CMC 效果最好，所以采用 CMC 作脉石矿物的抑制剂进行精选。同时为了有效地抑制铜精矿中的镍矿物，采用石灰调节矿浆 pH 值到 11 左右对其进行抑制。本试验主要考察了抑制剂 CMC 的用量对铜选矿指标的影响。试验流程图如图 8-9 所示，试验结果见表 8-11。

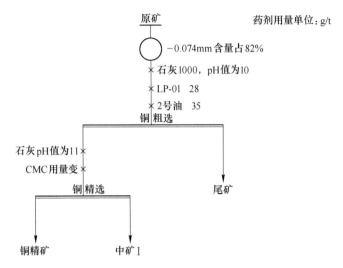

图 8-9 铜精选 CMC 用量条件试验流程

表 8-11 铜精选 CMC 用量对铜选矿指标的影响

精选条件	产品名称	产率/%	品位/%		回收率/%	
			Cu	Ni	Cu	Ni
加 CMC 500g/t，并加石灰调节 pH 值为 11	铜精矿	2.65	14.11	3.69	56.65	10.08
	铜中矿 I	8.17	1.88	4.12	23.27	34.70
	尾矿	89.18	0.15	0.60	20.07	55.22
	原矿	100.00	0.66	0.97	100.00	100.00
加 CMC 400g/t，并加石灰调节 pH 值为 11	铜精矿	3.01	13.68	3.82	61.46	11.85
	铜中矿 I	7.81	1.52	4.21	17.72	33.90
	尾矿	89.18	0.16	0.59	20.82	54.25
	原矿	100.00	0.67	0.97	100.00	100.00
加 CMC 300g/t，并加石灰调节 pH 值为 11	铜精矿	3.34	13.05	3.21	65.06	11.05
	铜中矿 I	7.48	1.33	4.42	14.85	34.08
	尾矿	89.18	0.15	0.60	20.10	54.86
	原矿	100.00	0.67	0.97	100.00	100.00

精选条件	产品名称	产率/%	品位/%		回收率/%	
			Cu	Ni	Cu	Ni
加 CMC 200g/t，并加石灰调节 pH 值为 11	铜精矿	3.94	10.80	3.33	65.46	13.96
	铜中矿 I	6.88	1.31	4.35	13.87	31.84
	尾矿	89.18	0.15	0.57	20.67	54.20
	原矿	100.00	0.65	0.94	100.00	100.00

由表 8-11 可以看出，在铜精选时加入抑制剂石灰和 CMC 后，效果较好，铜精矿中铜品位明显提高，且镍的含量明显降低。当 CMC 用量为 300g/t 时，铜精矿的选别指标最好，因此确定铜第一次精选时 CMC 用量为 300g/t，同时加入石灰抑制镍矿物并调节矿浆 pH 值为 11 左右较合适。

在试验过程中发现，虽然加入抑制剂 CMC 和石灰精选铜粗精矿效果较好，但铜精矿中仍有 3.21% 的镍矿物。对铜精矿进行工艺矿物学鉴定发现，铜精矿中铜矿物与矿物连生致密，且铜镍矿物嵌布粒度都较细，单体解离不够充分，需要将铜粗精矿进一步再磨，实现单体充分解离后才能分开。为此，后续试验着重开展铜粗精矿再磨精选条件试验，考察铜粗精矿再磨后精选对铜选矿指标的影响。

8.3.6 铜精选再磨细度对铜选矿指标的影响

本试验考察了铜精选时粗精矿再磨细度对铜选矿指标的影响，试验流程图如图 8-10 所示，试验结果见表 8-12。

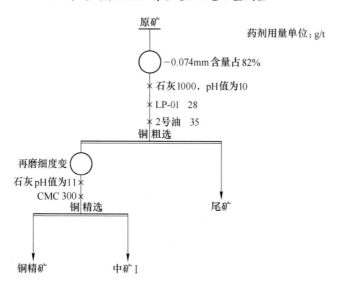

图 8-10 铜精选再磨细度条件试验流程

表 8-12 铜精选再磨细度对铜选矿指标的影响

铜粗精矿 再磨细度	产品名称	产率 /%	品位/%		回收率/%	
			Cu	Ni	Cu	Ni
−0.025mm 含量 占80%	铜精矿	3.64	11.45	3.22	63.18	12.22
	铜中矿 I	7.18	1.52	4.48	16.53	33.50
	尾矿	89.18	0.15	0.58	20.29	54.29
	原矿	100.00	0.66	0.96	100.00	100.00
−0.025mm 含量 占85%	铜精矿	3.55	12.35	3.11	66.43	11.50
	铜中矿 I	7.27	1.22	4.55	13.44	34.46
	尾矿	89.18	0.15	0.58	20.13	54.04
	原矿	100.00	0.66	0.96	100.00	100.00
−0.025mm 含量 占90%	铜精矿	3.45	13.28	3.02	68.38	10.74
	铜中矿 I	7.37	0.98	4.61	10.78	35.03
	尾矿	89.18	0.16	0.59	20.84	54.23
	原矿	100.00	0.67	0.97	100.00	100.00
−0.025mm 含量 占95%	铜精矿	3.28	14.25	2.83	69.76	9.57
	铜中矿 I	7.54	0.91	4.68	10.24	36.38
	尾矿	89.18	0.15	0.59	20.00	54.05
	原矿	100.00	0.67	0.97	100.00	100.00

由表 8-12 可见，随铜粗精矿再磨细度的增加，铜精矿中镍的含量不断减少，同时铜品位逐渐升高。说明一定的再磨细度对铜粗精矿中铜镍分离及铜回收率的提高有很好的促进作用。当铜粗精矿再磨细度 -0.025mm 含量为 95% 时，铜的选别指标最好。因此，选取铜粗精矿精选再磨细度 -0.025mm 含量为 95%。

8.3.7　铜精选次数对铜选矿指标的影响

为了得到合格的铜精矿，进行了铜粗精矿再磨后精选次数条件试验，试验流程图如图 8-11 所示，试验结果见表 8-13。

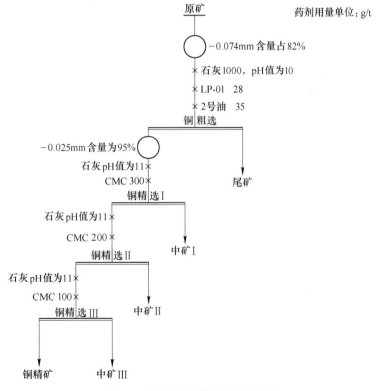

图 8-11　铜精选次数条件试验流程

表 8-13 铜精选次数对铜选矿指标的影响

精选条件	产品名称	产率/%	品位/%		回收率/%	
			Cu	Ni	Cu	Ni
精选一次, 精选I加 CMC 300g/t, 同时加入石灰调节矿浆 pH 值为 11	铜精矿	3.28	14.25	2.83	69.76	9.57
	铜中矿I	7.54	0.91	4.68	10.24	36.38
	尾矿	89.18	0.15	0.59	20.00	54.05
	原矿	100.00	0.67	0.97	100.00	100.00
精选两次, 精选I加 CMC 300g/t, 精选II加 CMC 200g/t, 同时分别加入石灰调节矿浆 pH 值为 11	铜精矿	2.03	20.26	1.62	62.31	3.43
	铜中矿I	7.63	0.94	4.62	10.87	36.72
	铜中矿II	1.25	3.55	3.89	6.72	5.07
	尾矿	89.09	0.15	0.59	20.09	54.79
	原矿	100.00	0.66	0.96	100.00	100.00
精选三次, 精选I加 CMC 300g/t, 精选II加 CMC 200g/t, 精选III加 CMC 100g/t, 同时分别加石灰调节矿浆 pH 值为 11	铜精矿	1.08	30.66	0.86	50.17	0.97
	铜中矿I	7.65	0.96	4.61	11.13	36.74
	铜中矿II	1.24	3.52	3.82	6.61	4.93
	铜中矿III	0.95	7.86	3.22	11.31	3.19
	尾矿	89.08	0.15	0.58	20.77	54.18
	原矿	100.00	0.66	0.96	100.00	100.00

从表 8-13 可以看出, 铜粗精矿再磨后精选三次可以得到合格品位的铜精矿, 此时可以得到含铜 30.66%、回收率 50.17%, 含镍 0.86%、回收率 0.97% 的铜精矿。

8.3.8 镍粗选捕收剂种类对镍粗选的影响

本试验考察了各种捕收剂对镍粗选指标的影响, 试验流程图如图 8-12 所示, 试验结果见表 8-14。

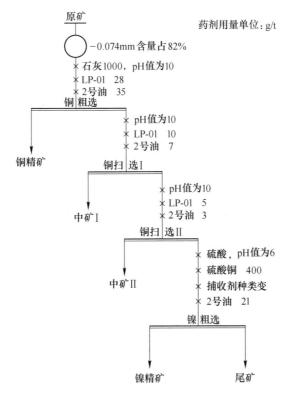

图 8-12 镍粗选捕收剂种类条件试验流程

表 8-14 镍粗选捕收剂种类对镍浮选的影响

捕收剂种类	产品名称	产率/%	品位/%		回收率/%	
			Cu	Ni	Cu	Ni
丁基黄药 120g/t	铜精矿	10.82	4.92	4.11	79.45	45.85
	中矿 I	2.83	0.87	1.69	3.67	4.93
	中矿 II	1.75	0.52	1.55	1.36	2.80
	镍精矿	9.48	0.31	2.65	4.39	25.90
	尾矿	75.12	0.10	0.27	11.13	20.53
	原矿	100.00	0.67	0.97	100.00	100.00

捕收剂种类	产品名称	产率/%	品位/%		回收率/%	
			Cu	Ni	Cu	Ni
乙基黄药 120g/t	铜精矿	10.57	4.88	4.02	79.36	45.20
	中矿 I	2.65	0.88	1.65	3.59	4.66
	中矿 II	1.77	0.51	1.58	1.39	2.97
	镍精矿	9.07	0.34	2.53	4.74	24.41
	尾矿	75.94	0.09	0.28	10.92	22.76
	原矿	100.00	0.65	0.94	100.00	100.00
丁铵黑药 120g/t	铜精矿	10.64	4.69	3.98	79.21	44.58
	中矿 I	2.57	0.83	1.63	3.38	4.41
	中矿 II	1.65	0.46	1.57	1.21	2.73
	镍精矿	8.65	0.28	2.75	3.84	25.04
	尾矿	76.49	0.10	0.29	12.36	23.24
	原矿	100.00	0.63	0.95	100.00	100.00
丁黄+丁铵 70g/t+60g/t	铜精矿	10.56	4.93	4.08	78.88	44.88
	中矿 I	2.94	0.88	1.69	3.91	5.17
	中矿 II	1.64	0.51	1.62	1.27	2.76
	镍精矿	10.96	0.34	2.34	5.65	26.72
	尾矿	73.91	0.09	0.27	10.29	20.47
	原矿	100.00	0.66	0.96	100.00	100.00
乙黄+丁铵 70g/t+60g/t	铜精矿	10.76	4.86	4.09	79.23	45.84
	中矿 I	2.86	0.85	1.62	3.68	4.83
	中矿 II	1.54	0.48	1.73	1.12	2.78
	镍精矿	11.24	0.32	2.38	5.45	27.87
	尾矿	73.60	0.09	0.24	10.51	18.69
	原矿	100.00	0.66	0.96	100.00	100.00

由表 8-14 可知，各种捕收剂对镍矿物均有一定的捕收作用，其中采用混合捕收剂（乙黄+丁铵）选别指标最好，镍粗选回收率

最高,所以在后续试验中镍粗选捕收剂采用混合捕收剂(乙黄+丁铵)。

8.3.9 镍粗选捕收剂用量对镍浮选的影响

选取混合捕收剂(乙黄+丁铵)作为镍粗选捕收剂,考察了混合捕收剂(乙黄+丁铵)的用量对镍浮选指标的影响,试验采用二因素三水平析因法,试验流程图如图 8-13 所示,各因素各水平取值见表 8-15,试验安排见表 8-16,试验结果见表 8-17。

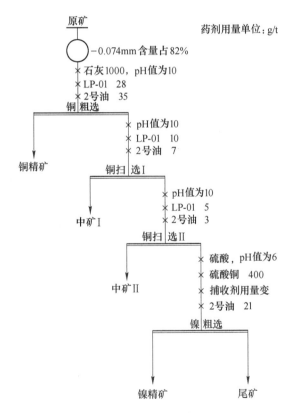

图 8-13 镍粗选捕收剂用量条件试验流程

表 8-15 各因素各水平取值

因　　素	水　　平		
	低水平（1）	中水平（2）	高水平（3）
A：乙黄用量/g·t^{-1}	60	70	80
B：丁铵用量/g·t^{-1}	60	70	80

表 8-16 （乙基黄药+丁铵黑药）二因素三水平析因试验安排

试验序号	因素水平安排	用量安排
1	A$_1$B$_1$	乙基黄药 60g/t+丁铵黑药 60g/t
2	A$_1$B$_2$	乙基黄药 60g/t+丁铵黑药 70g/t
3	A$_1$B$_3$	乙基黄药 60g/t+丁铵黑药 80g/t
4	A$_2$B$_1$	乙基黄药 70g/t+丁铵黑药 60g/t
5	A$_2$B$_2$	乙基黄药 70g/t+丁铵黑药 70g/t
6	A$_2$B$_3$	乙基黄药 70g/t+丁铵黑药 80g/t
7	A$_3$B$_1$	乙基黄药 80g/t+丁铵黑药 60g/t
8	A$_3$B$_2$	乙基黄药 80g/t+丁铵黑药 70g/t
9	A$_3$B$_3$	乙基黄药 80g/t+丁铵黑药 80g/t

表 8-17 镍粗选捕收剂用量对镍浮选的影响

序号	产品名称	产率/%	品位/%		回收率/%	
			Cu	Ni	Cu	Ni
1	铜精矿	10.35	4.88	4.01	75.39	42.79
	中矿 I	2.94	0.82	1.60	3.60	4.85
	中矿 II	1.68	0.46	1.75	1.15	3.03
	镍精矿	9.53	0.34	2.68	4.84	26.33
	尾矿	75.50	0.13	0.30	15.03	23.00
	原矿	100.00	0.67	0.97	100.00	100.00
2	铜精矿	10.84	4.85	3.98	79.66	45.90
	中矿 I	2.83	0.84	1.62	3.60	4.88

序号	产品名称	产率/%	品位/%		回收率/%	
			Cu	Ni	Cu	Ni
2	中矿Ⅱ	1.74	0.44	1.76	1.16	3.26
	镍精矿	10.46	0.29	2.57	4.60	28.60
	尾矿	74.13	0.10	0.22	10.98	17.37
	原矿	100.00	0.66	0.94	100.00	100.00
3	铜精矿	10.67	4.83	4.02	78.09	45.63
	中矿Ⅰ	2.96	0.82	1.64	3.68	5.16
	中矿Ⅱ	1.57	0.43	1.74	1.02	2.91
	镍精矿	10.84	0.31	2.51	5.09	28.95
	尾矿	73.96	0.11	0.22	12.12	17.35
	原矿	100.00	0.66	0.94	100.00	100.00
4	铜精矿	10.76	4.86	4.09	79.23	45.84
	中矿Ⅰ	2.86	0.85	1.62	3.68	4.83
	中矿Ⅱ	1.54	0.48	1.73	1.12	2.78
	镍精矿	11.24	0.32	2.38	5.45	27.87
	尾矿	73.60	0.09	0.24	10.51	18.69
	原矿	100.00	0.66	0.96	100.00	100.00
5	铜精矿	10.54	4.91	4.02	79.62	45.08
	中矿Ⅰ	2.63	0.83	1.60	3.36	4.48
	中矿Ⅱ	1.55	0.40	1.65	0.95	2.72
	镍精矿	11.57	0.29	2.43	5.16	29.91
	尾矿	73.71	0.10	0.23	10.91	17.82
	原矿	100.00	0.65	0.94	100.00	100.00
6	铜精矿	10.64	4.88	4.06	78.67	45.00
	中矿Ⅰ	2.76	0.84	1.62	3.52	4.66
	中矿Ⅱ	1.63	0.42	1.69	1.04	2.87
	镍精矿	12.64	0.30	2.44	5.75	32.13

序号	产品名称	产率/%	品位/%		回收率/%	
			Cu	Ni	Cu	Ni
6	尾矿	72.33	0.10	0.20	11.03	15.34
	原矿	100.00	0.66	0.96	100.00	100.00
7	铜精矿	10.48	4.92	4.12	78.12	44.98
	中矿 Ⅰ	2.95	0.83	1.65	3.71	5.07
	中矿 Ⅱ	1.63	0.45	1.76	1.11	2.99
	镍精矿	11.54	0.30	2.35	5.25	28.25
	尾矿	73.40	0.11	0.24	11.81	18.72
	原矿	100.00	0.66	0.96	100.00	100.00
8	铜精矿	10.75	4.59	3.93	78.32	45.43
	中矿 Ⅰ	2.84	0.79	1.59	3.56	4.86
	中矿 Ⅱ	1.54	0.42	1.72	1.03	2.85
	镍精矿	11.88	0.27	2.25	5.09	28.74
	尾矿	72.99	0.10	0.23	12.00	18.13
	原矿	100.00	0.63	0.93	100.00	100.00
9	铜精矿	10.36	4.96	4.03	79.05	43.49
	中矿 Ⅰ	2.76	0.75	1.67	3.18	4.80
	中矿 Ⅱ	1.64	0.44	1.75	1.11	2.99
	镍精矿	12.20	0.27	2.29	5.07	29.10
	尾矿	73.04	0.10	0.26	11.58	19.62
	原矿	100.00	0.65	0.96	100.00	100.00

由表8-17可见，随混合捕收剂（乙黄+丁铵）用量的增加，镍粗精矿中镍回收率逐渐升高，当（乙黄+丁铵）用量为70g/t+80g/t时选别指标最好。因此，在后续试验选取中（乙黄+丁铵）的用量为70g/t+80g/t。

8.3.10 镍粗选硫酸用量对镍浮选的影响

由于镍矿物在铜浮选过程中受到了强烈的抑制，所以在浮选镍矿物时需要先将其活化，而镍矿物常用的活化剂为硫酸和硫酸铜。本次试验主要考察硫酸用量对镍浮选指标的影响，试验流程图如图 8-14 所示，试验结果见表 8-18。

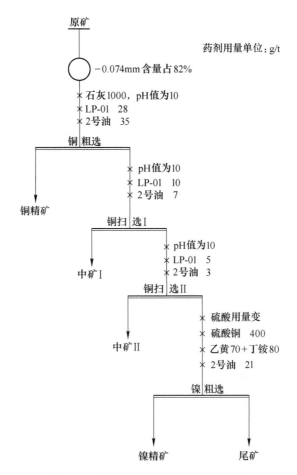

图 8-14 镍粗选硫酸用量条件试验流程

表 8-18 镍粗选硫酸用量对镍浮选指标的影响

硫酸用量 /g·t⁻¹	产品名称	产率 /%	品位/%		回收率/%	
			Cu	Ni	Cu	Ni
硫酸 3000 （pH 值为 7）	铜精矿	10.82	4.62	3.89	79.35	44.31
	中矿 I	2.86	0.83	1.58	3.77	4.76
	中矿 II	1.54	0.41	1.67	1.00	2.71
	镍精矿	12.16	0.28	2.39	5.40	30.59
	尾矿	72.62	0.09	0.23	10.48	17.64
	原矿	100.00	0.63	0.95	100.00	100.00
硫酸 4000 （pH 值为 6）	铜精矿	10.64	4.88	4.06	78.67	45.00
	中矿 I	2.76	0.84	1.62	3.52	4.66
	中矿 II	1.63	0.42	1.69	1.04	2.87
	镍精矿	12.64	0.30	2.44	5.75	32.13
	尾矿	72.33	0.10	0.20	11.03	15.34
	原矿	100.00	0.66	0.96	100.00	100.00
硫酸 6000 （pH 值为 5）	铜精矿	10.85	4.76	3.95	79.46	44.18
	中矿 I	2.64	0.82	1.61	3.33	4.38
	中矿 II	1.75	0.39	1.67	1.05	3.01
	镍精矿	12.84	0.28	2.45	5.53	32.43
	尾矿	71.92	0.10	0.22	10.63	15.99
	原矿	100.00	0.65	0.97	100.00	100.00

由表 8-18 可见，随着硫酸用量的增大，镍粗精矿中镍回收率逐渐升高。当硫酸用量为 4000g/t 即矿浆 pH 值为 6 左右时，镍的选别指标最好。此后若继续增大硫酸的用量，镍粗精矿选别指标变化不明显。因此选取镍粗选硫酸用量为 4000g/t，即矿浆 pH 值为 6 左右。

8.3.11 镍粗选硫酸铜用量对镍浮选的影响

本试验考察了硫酸铜用量对镍浮选指标的影响，试验流程图如

图 8-15 所示，试验结果见表 8-19。

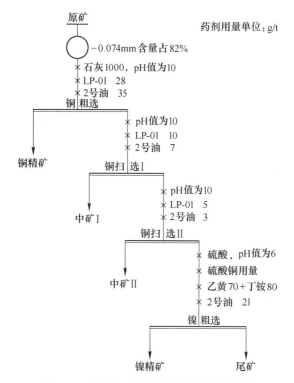

图 8-15 镍粗选硫酸铜用量条件试验流程

表 8-19 镍粗选硫酸铜用量对镍浮选指标的影响

硫酸铜用量 /g·t⁻¹	产品名称	产率 /%	品位/%		回收率/%	
			Cu	Ni	Cu	Ni
0	铜精矿	10.51	4.82	4.02	79.15	44.47
	中矿 I	2.71	0.81	1.62	3.43	4.62
	中矿 II	1.51	0.41	1.62	0.97	2.57
	镍精矿	11.24	0.28	2.18	4.92	25.79
	尾矿	74.03	0.10	0.29	11.53	22.54
	原矿	100.00	0.64	0.95	100.00	100.00

硫酸铜用量 /g·t⁻¹	产品名称	产率 /%	品位/%		回收率/%	
			Cu	Ni	Cu	Ni
200	铜精矿	10.83	4.76	3.96	79.31	45.62
	中矿Ⅰ	2.86	0.83	1.64	3.65	4.99
	中矿Ⅱ	1.57	0.44	1.67	1.06	2.79
	镍精矿	12.05	0.26	2.31	4.82	29.61
	尾矿	72.69	0.10	0.22	11.16	16.98
	原矿	100.00	0.65	0.94	100.00	100.00
400	铜精矿	10.64	4.88	4.06	78.67	45.00
	中矿Ⅰ	2.76	0.84	1.62	3.52	4.66
	中矿Ⅱ	1.63	0.42	1.69	1.04	2.87
	镍精矿	12.64	0.30	2.44	5.75	32.13
	尾矿	72.33	0.10	0.20	11.03	15.34
	原矿	100.00	0.66	0.96	100.00	100.00
600	铜精矿	10.42	4.82	3.92	79.72	44.40
	中矿Ⅰ	2.56	0.82	1.59	3.33	4.42
	中矿Ⅱ	1.53	0.39	1.65	0.95	2.74
	镍精矿	12.93	0.25	2.31	5.13	32.47
	尾矿	72.56	0.09	0.20	10.87	15.97
	原矿	100.00	0.63	0.92	100.00	100.00

由表 8-19 可以看出，添加硫酸铜活化镍矿物效果很明显，当硫酸铜用量为 400g/t 时，镍的选矿指标最好，所以在后续试验中选取硫酸铜用量为 400g/t。

8.3.12 镍精选 CMC 用量对镍选矿指标的影响

采用 CMC 作脉石矿物抑制剂对镍矿物进行精选。本试验考察了 CMC 的用量对镍选矿指标的影响。试验流程图如图 8-16 所示，试验结果见表 8-20。

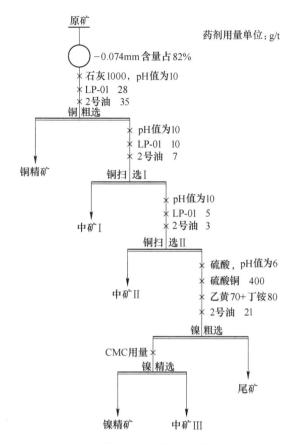

图 8-16   镍精选抑制剂用量条件试验流程

表 8-20   镍精选抑制剂用量对镍选矿指标的影响

CMC 用量 /g·t⁻¹	产品名称	产率 /%	品位/%		回收率/%	
			Cu	Ni	Cu	Ni
300	铜精矿	10.64	4.88	4.06	78.67	45.00
	中矿 I	2.76	0.84	1.62	3.52	4.66
	中矿 II	1.63	0.42	1.69	1.04	2.87
	镍精矿	6.63	0.39	3.90	3.92	26.93

续表 8-20

CMC 用量 /g·t⁻¹	产品名称	产率 /%	品位/%		回收率/%	
			Cu	Ni	Cu	Ni
300	中矿Ⅲ	6.01	0.21	0.72	1.91	4.51
	尾矿	72.33	0.14	0.57	14.86	42.96
	原矿	100.00	0.66	0.96	100.00	100.00
400	铜精矿	10.34	4.92	4.12	78.27	45.32
	中矿Ⅰ	2.75	0.83	1.58	3.51	4.62
	中矿Ⅱ	1.53	0.44	1.72	1.04	2.80
	镍精矿	5.38	0.41	4.21	3.39	24.10
	中矿Ⅲ	7.26	0.19	1.06	2.12	8.19
	尾矿	72.74	0.13	0.50	15.06	39.07
	原矿	100.00	0.65	0.94	100.00	100.00
500	铜精矿	10.72	4.68	4.02	78.39	45.36
	中矿Ⅰ	2.69	0.82	1.63	3.44	4.61
	中矿Ⅱ	1.47	0.41	1.68	0.94	2.60
	镍精矿	4.68	0.42	4.52	3.07	22.27
	中矿Ⅲ	7.96	0.21	1.26	2.61	10.56
	尾矿	72.49	0.13	0.48	14.61	36.87
	原矿	100.00	0.64	0.95	100.00	100.00

由表 8-20 可知，添加 CMC 抑制脉石矿物效果明显，其中 CMC 用量为 300g/t 时，效果最佳，镍精矿选别指标最好。因此在镍第一次精选时选取抑制剂 CMC 的用量为 300g/t。

8.3.13 镍精选次数对镍选矿指标的影响

为了得到合格的镍精矿，进行了镍精选次数条件试验。考察了镍精选次数对镍选矿指标的影响。试验流程图如图 8-17 所示，试验结果见表 8-21。

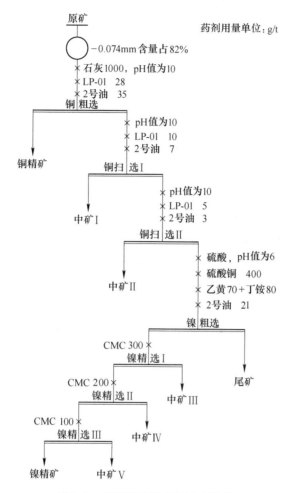

图 8-17　镍精选次数条件试验流程

表 8-21　镍精选次数对镍选矿指标的影响

精选条件	产品名称	产率/%	品位/%		回收率/%	
			Cu	Ni	Cu	Ni
精选一次，精选 I	铜精矿	10.64	4.88	4.06	78.67	45.00
加 CMC400g/t	中矿 I	2.76	0.84	1.62	3.52	4.66

精选条件	产品名称	产率/%	品位/%		回收率/%	
			Cu	Ni	Cu	Ni
精选一次，精选 I 加 CMC400g/t	中矿 II	1.63	0.42	1.69	1.04	2.87
	镍精矿	6.63	0.39	3.90	3.92	26.93
	中矿 III	6.01	0.21	0.72	1.91	4.51
	尾矿	72.33	0.14	0.57	14.86	42.96
	原矿	100.00	0.66	0.96	100.00	100.00
精选两次，精选 I 加 CMC400g/t，精选 II 加 CMC200g/t	铜精矿	10.45	4.92	4.11	77.90	44.74
	中矿 I	2.83	0.83	1.65	3.56	4.87
	中矿 II	1.54	0.41	1.65	0.96	2.65
	镍精矿	4.15	0.48	4.93	3.02	21.31
	中矿 III	6.01	0.21	0.72	1.91	4.51
	中矿 IV	1.86	0.27	2.62	0.76	5.08
	尾矿	73.16	0.14	0.57	15.67	43.24
	原矿	100.00	0.66	0.96	100.00	100.00
精选三次，精选 I 加 CMC400g/t，精选 II 加 CMC200g/t，精选 III 加 CMC100g/t	铜精矿	10.65	4.87	4.02	79.79	45.07
	中矿 I	2.76	0.81	1.52	3.44	4.42
	中矿 II	1.62	0.39	1.61	0.97	2.75
	镍精矿	3.09	0.58	5.93	2.76	19.29
	中矿 III	6.02	0.22	0.73	2.04	4.63
	中矿 IV	1.82	0.26	2.59	0.73	4.96
	中矿 V	1.06	0.21	1.92	0.34	2.14
	尾矿	72.98	0.12	0.56	13.76	43.15
	原矿	100.00	0.65	0.95	100.00	100.00

由表 8-21 可见，镍粗精矿经过三次精选后可以得到合格的镍精矿，此时可以获得含铜 0.58%、回收率 2.76%，含镍 5.93%、回收率 19.29%的镍精矿。虽然镍精矿品位较高，但镍回收率较低，主要原因是在铜浮选过程中，有一部分与铜矿物连生的镍矿物进入铜浮选回路中，这部分镍矿物在铜精选过程中受到了强烈的抑制而残留在中矿中。同时铜浮选过程中镍矿物受到了抑制，虽然浮

选镍矿物时对其进行了活化，但由于镍矿物被抑制后活化困难，导致镍回收率偏低。

8.3.14 铜镍优先浮选工艺方案闭路流程试验

为了进一步验证铜镍优先工艺浮选方案研究结果和考察中矿返回对浮选的影响，在开路流程试验的基础上进行铜镍优先浮选闭路流程试验。闭路试验流程图如图 8-18 所示，试验结果见表 8-22。

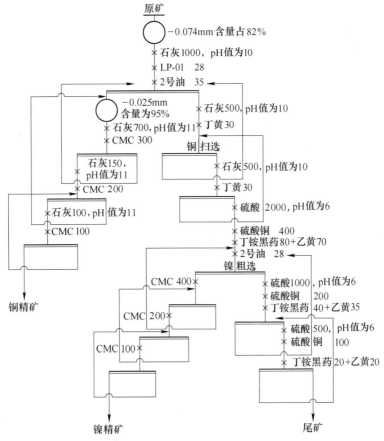

图 8-18　铜镍优先浮选工艺方案闭路试验流程

表 8-22　铜镍优先浮选工艺方案闭路流程试验结果

产品名称	产率/%	品位/%		回收率/%	
		Cu	Ni	Cu	Ni
铜精矿	1.43	30.87	0.92	66.89	1.37
镍精矿	3.83	0.48	5.52	2.79	22.02
尾矿	94.74	0.21	0.78	30.33	76.61
原矿	100.00	0.66	0.96	100.00	100.00

由表 8-22 可见，采用铜镍优先浮选工艺流程可以得到含铜 30.87%、铜回收率 66.89%，含镍 0.92%、镍回收率 1.37%的铜精矿；含铜 0.48%、铜回收率 2.79%、含镍 5.52%、镍回收率 22.02%的镍精矿。

铜镍优先浮选工艺可以直接得到品位较高的铜、镍精矿，但精矿中主金属回收率偏低，尤其是镍精矿中镍回收率很低，仅 22.02%。主要原因是浮选铜矿物时对镍矿物进行了抑制，而镍矿物受到抑制后活化困难，导致镍矿物浮选困难，从而使得镍回收率偏低。

8.4　铜镍混合浮选工艺方案试验

铜镍混合浮选工艺方案是采用混合浮选的工艺流程。先将原矿中的铜镍矿物一起浮出，再进行铜镍混合粗精矿精选，得到合格的铜镍混合精矿后再进行铜镍分离。

8.4.1　粗选捕收剂种类对铜镍浮选的影响

本试验主要考察了 13 种不同种类的铜镍硫化矿捕收剂对铜镍硫化矿混合浮选指标的影响。试验流程如图 8-19 所示，结果见表 8-23。

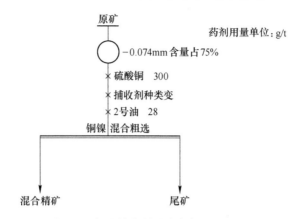

图 8-19 粗选捕收剂种类条件试验流程图

表 8-23 粗选捕收剂种类对铜镍混合浮选的影响

捕收剂种类 /g·t⁻¹	产品名称	产率 /%	品位/%		回收率/%	
			Cu	Ni	Cu	Ni
丁基黄药 120	混合精矿	17.25	2.71	3.88	73.04	72.75
	尾矿	82.75	0.21	0.30	26.96	27.25
	原矿	100.00	0.64	0.92	100.00	100.00
乙基黄药 120	混合精矿	18.63	2.59	3.71	74.23	73.53
	尾矿	81.37	0.21	0.31	25.77	26.47
	原矿	100.00	0.65	0.94	100.00	100.00
丁铵黑药 120	混合精矿	15.24	2.85	4.33	68.94	70.20
	尾矿	84.76	0.23	0.33	31.06	29.80
	原矿	100.00	0.63	0.94	100.00	100.00
丁黄+丁铵 60+60	混合精矿	18.84	2.43	3.53	72.67	73.08
	尾矿	81.16	0.21	0.30	27.33	26.92
	原矿	100.00	0.63	0.91	100.00	100.00
乙黄+丁铵 60+60	混合精矿	19.85	2.39	3.61	76.52	77.05
	尾矿	80.15	0.18	0.27	23.48	22.95
	原矿	100.00	0.62	0.93	100.00	100.00

捕收剂种类 /g·t⁻¹	产品名称	产率 /%	品位/%		回收率/%	
			Cu	Ni	Cu	Ni
丁黄+Mac-12 100+20	混合精矿	18.84	2.49	3.64	73.30	73.74
	尾矿	81.16	0.21	0.30	26.70	26.26
	原矿	100.00	0.64	0.93	100.00	100.00
乙黄+Mac-12 100+20	混合精矿	18.94	2.51	3.68	75.46	74.15
	尾矿	81.06	0.19	0.30	24.54	25.85
	原矿	100.00	0.63	0.94	100.00	100.00
丁黄+LP-01 100+20	混合精矿	16.75	2.72	3.89	71.19	69.32
	尾矿	83.25	0.22	0.35	28.81	30.68
	原矿	100.00	0.64	0.94	100.00	100.00
乙黄+LP-01 100+20	混合精矿	16.65	2.78	4.04	73.47	70.07
	尾矿	83.35	0.20	0.34	26.53	29.93
	原矿	100.00	0.63	0.96	100.00	100.00
丁黄+Z-200 70+30	混合精矿	18.17	2.61	3.74	72.96	71.53
	尾矿	81.83	0.21	0.33	27.04	28.47
	原矿	100.00	0.65	0.95	100.00	100.00
乙黄+Z-200 70+30	混合精矿	18.60	2.62	3.68	73.84	72.82
	尾矿	81.40	0.21	0.31	26.16	27.18
	原矿	100.00	0.66	0.94	100.00	100.00
戊黄+丁铵 60+60	混合精矿	19.46	2.37	3.66	74.37	76.57
	尾矿	80.54	0.20	0.27	25.63	23.43
	原矿	100.00	0.62	0.93	100.00	100.00
Y89+丁铵 60+60	混合精矿	20.45	2.34	3.44	73.62	73.28
	尾矿	79.55	0.22	0.32	26.38	26.72
	原矿	100.00	0.65	0.96	100.00	100.00

由表 8-23 可见，这 13 种捕收剂对该铜镍矿物都表现出了一定的选择捕收能力，其中采用混合捕收剂明显比单种捕收剂作用效果更好，铜、镍回收率都更高。而混合捕收剂当中（乙黄+丁铵）的效果最好，铜镍选矿指标最高。所以在后续试验中选取（乙黄+丁铵）作为铜镍混合浮选的粗选捕收剂。

8.4.2 粗选捕收剂用量对铜镍浮选的影响

选取混合捕收剂（乙黄+丁铵）作为铜镍混合粗选捕收剂，考察（乙黄+丁铵）的用量对铜镍浮选指标的影响。试验采用二因素三水平析因法，试验流程图如图 8-20 所示，各因数各水平取值见表 8-24，试验安排见表 8-25，试验结果见表 8-26。

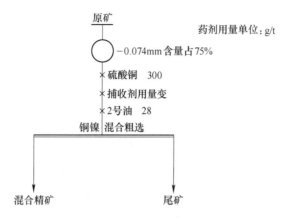

图 8-20　粗选捕收剂用量条件试验流程

表 8-24　各因素各水平取值

因　　素	水　平		
	低水平（1）	中水平（2）	高水平（3）
A：乙基黄药用量/g·t^{-1}	60	70	80
B：丁铵黑药用量/g·t^{-1}	60	70	80

表 8-25　（乙基黄药+丁铵黑药）二因素三水平析因试验安排

试验序号	因素水平安排	用量安排
1	A$_1$B$_1$	乙基黄药 60g/t+丁铵黑药 60g/t
2	A$_1$B$_2$	乙基黄药 60g/t+丁铵黑药 70g/t

试验序号	因素水平安排	用量安排
3	A_1B_3	乙基黄药 60g/t+丁铵黑药 80g/t
4	A_2B_1	乙基黄药 70g/t+丁铵黑药 60g/t
5	A_2B_2	乙基黄药 70g/t+丁铵黑药 70g/t
6	A_2B_3	乙基黄药 70g/t+丁铵黑药 80g/t
7	A_3B_1	乙基黄药 80g/t+丁铵黑药 60g/t
8	A_3B_2	乙基黄药 80g/t+丁铵黑药 70g/t
9	A_3B_3	乙基黄药 80g/t+丁铵黑药 80g/t

表 8-26　粗选捕收剂用量对铜镍浮选的影响

序号	产品名称	产率/%	品位/%		回收率/%	
			Cu	Ni	Cu	Ni
1	混合精矿	21.57	2.16	3.24	75.15	75.15
	尾矿	78.43	0.20	0.29	24.85	24.85
	原矿	100.00	0.62	0.93	100.00	100.00
2	混合精矿	21.84	2.28	3.31	77.81	76.90
	尾矿	78.16	0.18	0.28	22.20	23.10
	原矿	100.00	0.64	0.94	100.00	100.00
3	混合精矿	22.24	2.29	3.35	78.35	78.43
	尾矿	77.76	0.18	0.26	21.65	21.57
	原矿	100.00	0.65	0.95	100.00	100.00
4	混合精矿	21.47	2.37	3.41	79.51	77.07
	尾矿	78.53	0.17	0.28	20.49	22.93
	原矿	100.00	0.64	0.95	100.00	100.00

序号	产品名称	产率/%	品位/%		回收率/%	
			Cu	Ni	Cu	Ni
5	混合精矿	22.84	2.21	3.32	80.12	80.67
	尾矿	77.16	0.16	0.24	19.88	19.33
	原矿	100.00	0.63	0.94	100.00	100.00
6	混合精矿	23.68	2.22	3.34	82.14	83.25
	尾矿	76.32	0.15	0.21	17.86	16.75
	原矿	100.00	0.64	0.95	100.00	100.00
7	混合精矿	23.55	2.14	3.12	78.75	79.01
	尾矿	76.45	0.18	0.26	21.25	20.99
	原矿	100.00	0.64	0.93	100.00	100.00
8	混合精矿	24.35	2.11	3.05	80.28	79.86
	尾矿	75.65	0.17	0.25	19.72	20.14
	原矿	100.00	0.64	0.93	100.00	100.00
9	混合精矿	25.54	1.98	2.92	80.27	81.06
	尾矿	74.46	0.17	0.23	19.73	18.94
	原矿	100.00	0.63	0.92	100.00	100.00

由表 8-26 可见，随（乙黄+丁铵）用量的增加，混合粗精矿中铜、镍回收率逐渐升高。当（乙黄+丁铵）用量为 70g/t+80g/t 时选别指标最好。因此，在后续试验中选取（乙黄+丁铵）的用量为 70g/t+80g/t。

8.4.3　粗选硫酸用量对铜镍浮选的影响

由于硫酸对镍矿物具有一定的活化作用，为此，在铜镍混合粗选时加入硫酸进行活化，考察硫酸用量对铜镍浮选指标的影响，试验流程图如图 8-21 所示，试验结果见表 8-27。

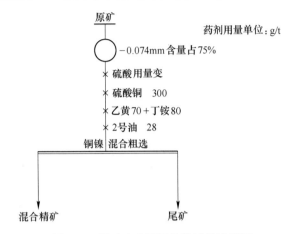

图 8-21 粗选硫酸用量条件试验流程图

表 8-27 粗选硫酸用量对铜镍浮选的影响

硫酸用量 /g·t⁻¹	产品名称	产率 /%	品位/%		回收率/%	
			Cu	Ni	Cu	Ni
不加硫酸 （矿浆 pH 值为 8.5）	混合精矿	23.68	2.22	3.34	82.14	83.25
	尾矿	76.32	0.15	0.21	17.86	16.75
	原矿	100.00	0.64	0.95	100.00	100.00
加硫酸 2000 （矿浆 pH 值为 7.0）	混合精矿	22.48	2.38	3.58	82.31	83.83
	尾矿	77.52	0.15	0.20	17.69	16.17
	原矿	100.00	0.65	0.96	100.00	100.00
加硫酸 3000 （矿浆 pH 值为 6.0）	混合精矿	21.67	2.40	3.52	81.26	82.02
	尾矿	78.33	0.15	0.21	18.74	17.98
	原矿	100.00	0.64	0.93	100.00	100.00
加硫酸 4000 （矿浆 pH 值为 5.0）	混合精矿	22.25	2.44	3.64	83.52	83.49
	尾矿	77.75	0.14	0.21	16.48	16.51
	原矿	100.00	0.65	0.97	100.00	100.00

由表 8-27 可见，随着硫酸用量的增大，混合粗精矿中铜、镍的品位和回收率都变化不大。说明硫酸对该铜镍矿物分选指标的影响不大。因此在后续试验中不加硫酸。

8.4.4 粗选硫酸铜用量对铜镍浮选的影响

本试验考察了硫酸铜用量对铜、镍浮选指标的影响，试验流程图如图 8-22 所示，试验结果见表 8-28。

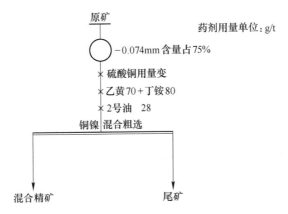

图 8-22 粗选硫酸铜用量条件试验流程

表 8-28 粗选硫酸铜用量对铜镍浮选的影响

硫酸铜用量 /g·t⁻¹	产品名称	产率 /%	品位/%		回收率/%	
			Cu	Ni	Cu	Ni
0	混合精矿	21.84	2.28	3.31	76.61	76.10
	尾矿	78.16	0.19	0.29	23.39	23.90
	原矿	100.00	0.65	0.95	100.00	100.00
150	混合精矿	22.84	2.25	3.29	80.30	79.94
	尾矿	77.16	0.16	0.24	19.70	20.06
	原矿	100.00	0.64	0.94	100.00	100.00

硫酸铜用量 /g·t⁻¹	产品名称	产率 /%	品位/%		回收率/%	
			Cu	Ni	Cu	Ni
300	混合精矿	23. 24	2. 20	3. 33	81. 16	82. 33
	尾矿	76. 76	0. 15	0. 22	18. 84	17. 67
	原矿	100. 00	0. 63	0. 94	100. 00	100. 00
450	混合精矿	23. 57	2. 21	3. 30	81. 39	81. 87
	尾矿	76. 43	0. 16	0. 23	18. 61	18. 13
	原矿	100. 00	0. 64	0. 95	100. 00	100. 00

由表 8-28 可见，加入硫酸铜活化铜镍矿物后，铜、镍回收率明显提高。当硫酸铜用量为 300g/t 时，铜、镍选矿指标最好。因此在后续试验中铜镍混合粗选硫酸铜用量定为 300g/t。

8.4.5 磨矿细度对铜镍混合浮选的影响

本试验考察了铜镍混合粗选磨矿细度对铜、镍浮选指标的影响，试验流程图如图 8-23 所示，试验结果见表 8-29。

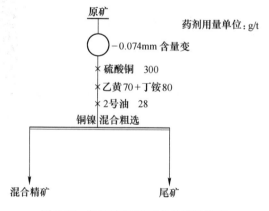

图 8-23 粗选磨矿细度条件试验流程

表 8-29 粗选磨矿细度对铜镍浮选的影响

磨矿细度 -0.074mm 含量 /%	产品名称	产率 /%	品位/%		回收率/%	
			Cu	Ni	Cu	Ni
70	混合精矿	21.45	2.32	3.47	78.99	79.18
	尾矿	78.55	0.17	0.25	21.01	20.82
	原矿	100.00	0.63	0.94	100.00	100.00
75	混合精矿	23.14	2.24	3.31	80.99	81.48
	尾矿	76.86	0.16	0.23	19.01	18.52
	原矿	100.00	0.64	0.94	100.00	100.00
78	混合精矿	23.42	2.26	3.33	81.43	82.09
	尾矿	76.58	0.16	0.22	18.57	17.91
	原矿	100.00	0.65	0.95	100.00	100.00
80	混合精矿	22.95	2.37	3.48	82.41	83.19
	尾矿	77.05	0.15	0.21	17.59	16.81
	原矿	100.00	0.66	0.96	100.00	100.00
82	混合精矿	22.46	2.38	3.59	83.52	85.78
	尾矿	77.54	0.14	0.17	16.48	14.22
	原矿	100.00	0.64	0.94	100.00	100.00

由表 8-29 可见，随磨矿细度的提高，粗精矿中铜镍的回收率明显升高，当磨矿细度（-0.074mm 含量）为 82% 时，铜、镍混合粗精矿的选别指标最好。因此，在后续试验中铜镍混合粗选磨矿细度（-0.74mm 含量）定为 82%。

8.4.6 CMC 用量对混合精矿精选指标的影响

由优先浮选工艺方案可知，采用 CMC 抑制脉石矿物效果很好，所以本次试验继续采用 CMC 作脉石矿物抑制剂，并考察了混合粗精矿精选时 CMC 用量对铜镍选矿指标的影响。试验流程图如图 8-24所示，试验结果见表 8-30。

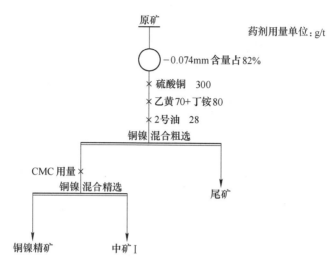

图 8-24 混合精矿精选 CMC 用量条件试验流程

表 8-30 混合精矿精选 CMC 用量对铜镍精选指标的影响

CMC 用量 /g·t⁻¹	产品名称	产率 /%	品位/%		回收率/%	
			Cu	Ni	Cu	Ni
500	混合精矿	12.26	3.92	5.53	75.09	74.50
	中矿 I	10.90	0.52	0.63	8.86	7.55
	尾矿	76.84	0.13	0.21	16.05	17.95
	原矿	100.00	0.64	0.91	100.00	100.00
400	混合精矿	13.26	3.68	5.39	76.25	78.54
	中矿 I	9.20	0.48	0.59	6.90	5.96
	尾矿	77.54	0.14	0.18	16.86	15.50
	原矿	100.00	0.64	0.91	100.00	100.00
300	混合精矿	14.14	3.42	5.11	78.00	79.40
	中矿 I	8.32	0.43	0.55	5.77	5.03
	尾矿	77.54	0.13	0.18	16.23	15.57
	原矿	100.00	0.62	0.91	100.00	100.00

由表 8-30 可见，随抑制剂 CMC 用量的增加，混合精矿中铜、镍品位逐渐升高，回收率逐渐降低。综合考虑混合精矿的品位与回收率后，选取 CMC 用量为 400g/t 较合适，此时混合精矿的选矿指标最好。所以在后续试验中混合精矿第一次精选时抑制剂 CMC 用量定为 400g/t。

8.4.7 混合精矿精选次数对铜镍选矿指标的影响

为了得到合格的混合精矿，进行了混合精矿精选次数条件试验，考察混合精矿精选次数对铜镍选矿指标的影响，试验流程图如图 8-25 所示，试验结果见表 8-31。

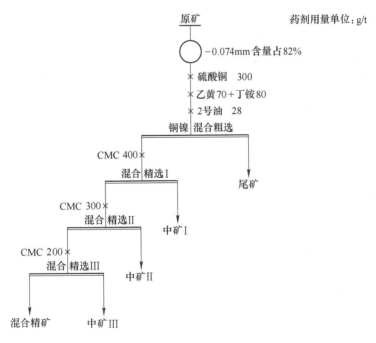

图 8-25 混合精矿精选次数条件试验流程

表 8-31 混合精矿精选次数对铜镍选矿指标的影响

精选次数	产品名称	产率/%	品位/%		回收率/%	
			Cu	Ni	Cu	Ni
精选一次，精选 I 加 CMC 400g/t	混合精矿	13.26	3.68	5.39	76.25	78.54
	中矿 I	9.20	0.48	0.59	6.90	5.96
	尾矿	77.54	0.14	0.18	16.86	15.50
	原矿	100.00	0.64	0.91	100.00	100.00
精选两次，精选 I 加 CMC 400g/t，精选 II 加 CMC 300g/t	混合精矿	10.93	4.42	6.24	75.49	74.95
	中矿 I	9.38	0.41	0.53	6.01	5.46
	中矿 II	2.43	0.39	0.52	1.48	1.39
	尾矿	77.26	0.14	0.21	17.02	18.20
	原矿	100.00	0.64	0.91	100.00	100.00
精选三次，精选 I 加 CMC 400g/t，精选 II 加 CMC 300g/t，精选 III 加 CMC 200g/t	混合精矿	9.69	4.68	6.88	71.98	72.46
	中矿 I	8.45	0.42	0.54	5.63	4.96
	中矿 II	2.28	0.40	0.54	1.45	1.34
	中矿 III	1.54	1.03	1.32	2.52	2.21
	尾矿	78.04	0.15	0.22	18.42	19.03
	原矿	100.00	0.63	0.92	100.00	100.00

从表 8-31 可以看出，铜镍混合粗精矿经过两次精选后就可以获得合格品位的铜镍混合精矿，此时可以获得含铜 4.42%、回收率 75.49%，含镍 6.24%、回收率 74.95% 的铜镍混合精矿。

8.4.8 混合精矿再磨细度对铜镍分离指标的影响

由工艺矿物学研究结果可知，铜镍矿物共生明显，连生致密，如不进行精矿再磨，实现单体充分解离，铜、镍矿物难以分离。所以本次试验开展铜镍混合精矿再磨条件试验，考察混合精矿再磨细

度对铜镍分离指标的影响, 试验流程图如图 8-26 所示, 试验结果
见表 8-32。

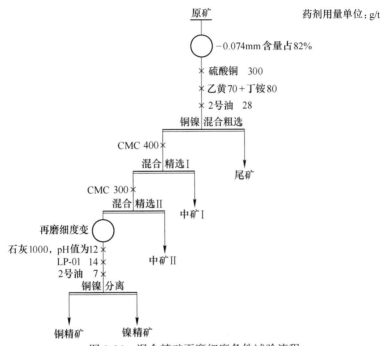

图 8-26 混合精矿再磨细度条件试验流程

表 8-32 混合精矿再磨细度对铜镍分离指标的影响

再磨细度	产品名称	产率/%	品位/%		回收率/%	
			Cu	Ni	Cu	Ni
	铜精矿	3.85	6.27	5.68	37.72	23.51
	中矿 I	9.16	0.39	0.57	5.58	5.61
	中矿 II	2.84	0.61	0.79	2.71	2.41
不再磨	镍精矿	7.58	3.31	6.12	39.20	49.88
	尾矿	76.57	0.12	0.23	14.79	18.58
	原矿	100.00	0.64	0.93	100.00	100.00

再磨细度	产品名称	产率/%	品位/%		回收率/%	
			Cu	Ni	Cu	Ni
再磨 10min, −0.025mm 含量占 85%	铜精矿	4.68	8.22	4.58	60.11	23.05
	中矿 I	9.33	0.38	0.55	5.54	5.52
	中矿 II	2.51	0.62	0.80	2.43	2.16
	镍精矿	6.75	1.67	6.93	17.61	50.30
	尾矿	76.73	0.12	0.23	14.31	18.98
	原矿	100.00	0.64	0.93	100.00	100.00
再磨 20min, −0.025mm 含量占 90%	铜精矿	4.25	9.65	4.39	65.10	20.28
	中矿 I	9.46	0.39	0.56	5.86	5.76
	中矿 II	2.44	0.61	0.81	2.36	2.15
	镍精矿	7.18	1.06	6.82	12.08	53.23
	尾矿	76.67	0.12	0.22	14.60	18.59
	原矿	100.00	0.63	0.92	100.00	100.00
再磨 30min, −0.025mm 含量占 95%	铜精矿	3.52	12.60	4.35	69.30	16.29
	中矿 I	9.35	0.40	0.57	5.84	5.67
	中矿 II	2.36	0.62	0.82	2.29	2.06
	镍精矿	7.91	0.63	6.92	7.79	58.23
	尾矿	76.86	0.12	0.22	14.78	17.75
	原矿	100.00	0.64	0.94	100.00	100.00

由表 8-32 可见，随着铜镍混合精矿再磨细度的增加，铜精矿中镍的含量逐渐减少，铜品位和回收率都逐渐升高。同时镍精矿中铜的含量也逐渐降低，且镍的品位和回收率也有所升高。说明增加铜镍混合精矿的再磨细度对铜镍精矿分离有很好的促进作用，效果明显。当再磨细度（−0.025mm）含量为 95% 时，铜镍分离指标最

好。因此，选取铜镍精矿再磨细度（−0.025mm 含量）为 95%。

8.4.9　铜捕收剂种类对铜镍分离指标的影响

本试验考察了铜捕收剂对铜镍分离选矿指标的影响，试验流程图如图 8-27 所示，试验结果见表 8-33。

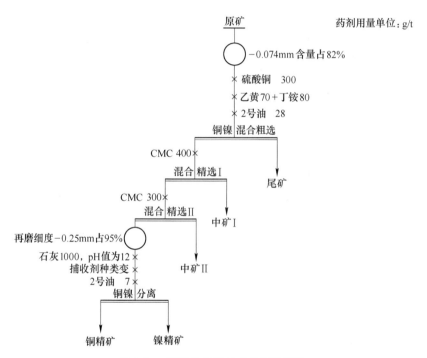

图 8-27　铜捕收剂种类条件试验流程

表 8-33　铜捕收剂种类对铜镍分离指标的影响

捕收剂种类	产品名称	产率/%	品位/%		回收率/%	
			Cu	Ni	Cu	Ni
丁基黄药	铜精矿	3.84	11.02	4.68	67.17	19.12
20g/t	中矿Ⅰ	9.42	0.39	0.56	5.83	5.61

捕收剂种类	产品名称	产率/%	品位/%		回收率/%	
			Cu	Ni	Cu	Ni
丁基黄药 20g/t	中矿 Ⅱ	2.41	0.61	0.80	2.33	2.05
	镍精矿	7.09	0.92	7.25	10.35	54.68
	尾矿	77.24	0.12	0.23	14.31	18.54
	原矿	100.00	0.63	0.94	100.00	100.00
乙基黄药 20g/t	铜精矿	3.64	11.38	4.32	65.75	16.73
	中矿 Ⅰ	9.56	0.40	0.55	6.07	5.59
	中矿 Ⅱ	2.61	0.58	0.81	2.40	2.25
	镍精矿	7.48	0.92	6.98	10.92	55.54
	尾矿	76.71	0.12	0.24	14.85	19.89
	原矿	100.00	0.63	0.94	100.00	100.00
LP-01 14g/t	铜精矿	3.52	12.60	4.35	69.30	16.29
	中矿 Ⅰ	9.35	0.40	0.57	5.84	5.67
	中矿 Ⅱ	2.36	0.62	0.82	2.29	2.06
	镍精矿	7.91	0.63	6.92	7.79	58.23
	尾矿	76.86	0.12	0.22	14.78	17.75
	原矿	100.00	0.64	0.94	100.00	100.00
Z-200 14g/t	铜精矿	2.94	13.21	4.68	60.68	14.64
	中矿 Ⅰ	9.64	0.39	0.55	5.87	5.64
	中矿 Ⅱ	2.17	0.63	0.84	2.14	1.94
	镍精矿	8.02	1.35	6.84	16.92	58.36
	尾矿	77.23	0.12	0.24	14.39	19.42
	原矿	100.00	0.64	0.94	100.00	100.00
Mac-12 14g/t	铜精矿	2.64	14.02	5.01	57.83	14.07
	中矿 Ⅰ	9.54	0.38	0.52	5.66	5.28
	中矿 Ⅱ	2.35	0.61	0.86	2.24	2.15
	镍精矿	8.29	1.52	6.73	19.69	59.35
	尾矿	77.18	0.12	0.23	14.57	19.15
	原矿	100.00	0.64	0.94	100.00	100.00

由表8-33可见，各种捕收剂在铜镍分离时都表现出了一定的选择捕收能力，其中LP-01效果最好。当采用LP-01作铜矿物捕收剂时，不论铜精矿品位还是回收率都最高，同时铜精矿中杂质镍的含量最低。因此，选取LP-01作铜镍分离时铜矿物的捕收剂。

8.4.10 LP-01 用量对铜镍分离指标的影响

选取LP-01作铜镍分离时铜矿物的捕收剂，本试验考察了LP-01用量对铜镍分离指标的影响，试验流程图如图8-28所示，试验结果见表8-34。

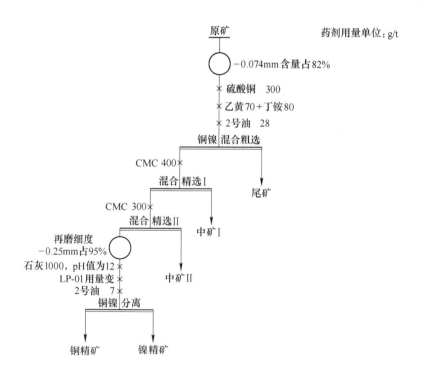

图 8-28 LP-01 用量条件试验流程

表 8-34 LP-01 用量对铜镍分离指标的影响

LP-01 用量 /g·t⁻¹	产品名称	产率 /%	品位/%		回收率/%	
			Cu	Ni	Cu	Ni
0	铜精矿	1.43	15.42	3.79	33.92	5.83
	中矿 I	9.73	0.37	0.54	5.54	5.65
	中矿 II	2.34	0.58	0.84	2.09	2.11
	镍精矿	9.64	2.95	6.92	43.75	71.73
	尾矿	76.86	0.12	0.18	14.70	14.68
	原矿	100.00	0.65	0.93	100.00	100.00
7	铜精矿	2.96	13.25	4.03	61.28	12.69
	中矿 I	9.64	0.38	0.56	5.72	5.74
	中矿 II	2.45	0.59	0.83	2.26	2.16
	镍精矿	8.22	1.08	6.98	13.87	61.04
	尾矿	76.73	0.14	0.22	16.87	18.37
	原矿	100.00	0.64	0.94	100.00	100.00
14	铜精矿	3.52	12.60	4.35	69.30	16.29
	中矿 I	9.35	0.40	0.57	5.84	5.67
	中矿 II	2.36	0.62	0.82	2.29	2.06
	镍精矿	7.91	0.63	6.92	7.79	58.23
	尾矿	76.86	0.12	0.22	14.78	17.75
	原矿	100.00	0.64	0.94	100.00	100.00
21	铜精矿	4.25	10.59	4.03	70.32	18.62
	中矿 I	8.59	0.38	0.57	5.10	5.32
	中矿 II	2.45	0.59	0.88	2.26	2.33
	镍精矿	6.75	0.68	7.36	7.17	54.00
	尾矿	77.96	0.12	0.23	15.15	19.73
	原矿	100.00	0.64	0.92	100.00	100.00

由表 8-34 可见，随着 LP-01 用量的增加，铜精矿中铜品位和回收率都逐渐升高。当 LP-01 用量为 14g/t 时，铜镍分离效果最好，铜精矿选别指标最高。因此，后续试验中选取 LP-01 用量为 14g/t。

8.4.11 石灰用量对铜镍分离指标的影响

铜镍分离时镍矿物的抑制是试验关键，常用的镍矿物抑制剂有石灰、亚硫酸氢钠、硫酸锌等，其中石灰最为价廉，效果也最好，因此选取石灰作为镍矿物抑制剂，进行石灰用量条件试验，考察石灰用量对铜镍分离指标的影响，试验流程图如图 8-29 所示，试验结果见表 8-35。

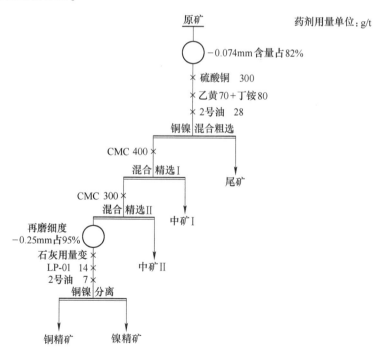

图 8-29　石灰用量条件试验流程图

表 8-35 石灰用量对铜镍分离指标的影响

石灰用量 /g·t⁻¹	产品名称	产率 /%	品位/%		回收率/%	
			Cu	Ni	Cu	Ni
500 (矿浆 pH 值 为 10)	铜精矿	5.94	7.71	3.87	70.46	24.20
	中矿 I	9.64	0.34	0.51	5.04	5.18
	中矿 II	2.52	0.59	0.82	2.29	2.18
	镍精矿	5.03	0.93	8.03	7.20	42.52
	尾矿	76.87	0.13	0.32	15.02	25.94
	原矿	100.00	0.65	0.95	100.00	100.00
750 (矿浆 pH 值 为 11)	铜精矿	4.15	10.90	3.68	70.68	16.25
	中矿 I	9.58	0.38	0.52	5.69	5.30
	中矿 II	2.46	0.61	0.81	2.34	2.12
	镍精矿	6.84	0.62	7.23	6.63	52.61
	尾矿	76.97	0.12	0.29	14.66	23.72
	原矿	100.00	0.64	0.94	100.00	100.00
1000 (矿浆 pH 值 为 12)	铜精矿	3.52	12.60	4.35	69.30	16.29
	中矿 I	9.35	0.40	0.57	5.84	5.67
	中矿 II	2.36	0.62	0.82	2.29	2.06
	镍精矿	7.91	0.63	6.92	7.79	58.23
	尾矿	76.86	0.12	0.22	14.78	17.75
	原矿	100.00	0.64	0.94	100.00	100.00
1250 (矿浆 pH 值 为 13)	铜精矿	3.48	12.51	4.36	69.10	16.14
	中矿 I	9.64	0.35	0.53	5.36	5.44
	中矿 II	2.56	0.62	0.82	2.52	2.23
	镍精矿	7.45	0.61	7.23	7.21	57.30
	尾矿	76.87	0.13	0.23	15.81	18.89
	原矿	100.00	0.63	0.94	100.00	100.00

由表 8-35 可见，随着石灰用量的增加，铜精矿的品位逐渐升高，同时铜精矿中镍矿物的含量逐渐减少。当石灰用量为 1000g/t，也即矿浆 pH 值为 12 左右时，铜精矿的选别指标最好，此后继续增大石灰用量，铜精矿选别指标变化不大。为此，选取铜镍分离时

石灰用量为 1000g/t，即矿浆 pH 值为 12 左右较合适。

8.4.12 铜精选次数对铜选矿指标的影响

为了提高铜精矿质量，强化对铜精矿中镍矿物的抑制，进行了铜镍分离后铜精矿精选次数条件试验，考察了铜精选次数对铜选矿指标的影响。试验流程图如图 8-30 所示，试验结果见表 8-36。

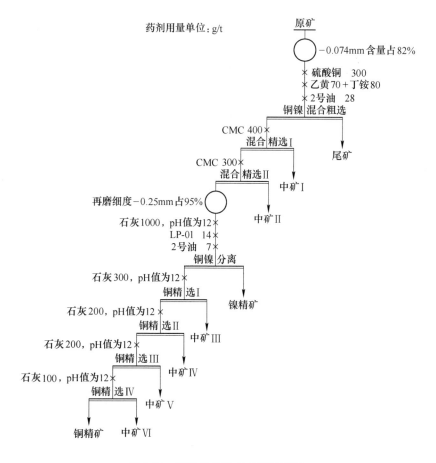

图 8-30 铜精选次数条件试验流程

表 8-36 铜精选次数对铜选矿指标的影响

精选次数	产品名称	产率/%	品位/%		回收率/%	
			Cu	Ni	Cu	Ni
精选一次	铜精矿	1.96	21.38	3.04	65.48	6.41
	中矿 I	9.58	0.35	0.55	5.24	5.67
	中矿 II	2.65	0.59	0.79	2.44	2.25
	中矿 III	1.86	0.89	6.04	2.59	12.08
	镍精矿	8.06	0.64	6.58	8.06	57.03
	尾矿	75.89	0.14	0.20	16.20	16.57
	原矿	100.00	0.64	0.93	100.00	100.00
精选两次	铜精矿	1.38	26.58	2.08	59.33	3.13
	中矿 I	9.62	0.35	0.55	5.43	5.75
	中矿 II	2.73	0.59	0.79	2.60	2.34
	中矿 III	1.91	1.39	6.11	4.28	12.68
	中矿 IV	0.63	2.56	6.07	2.58	4.13
	镍精矿	8.14	0.68	6.25	8.93	55.30
	尾矿	75.59	0.14	0.20	16.84	16.66
	原矿	100.00	0.62	0.92	100.00	100.00
精选三次	铜精矿	1.19	29.36	1.34	56.12	1.73
	中矿 I	9.38	0.42	0.53	6.35	5.40
	中矿 II	2.65	0.57	0.78	2.44	2.25
	中矿 III	1.84	1.35	6.21	4.01	12.42
	中矿 IV	0.63	2.64	6.09	2.69	4.18
	中矿 V	0.20	9.69	3.96	3.16	0.87
	镍精矿	8.24	0.69	6.29	9.17	56.34
	尾矿	76.07	0.13	0.20	16.07	16.82
	原矿	100.00	0.62	0.92	100.00	100.00

精选次数	产品名称	产率/%	品位/%		回收率/%	
			Cu	Ni	Cu	Ni
精选四次	铜精矿	1.04	32.15	0.67	53.67	0.75
	中矿 I	9.53	0.41	0.51	6.30	5.28
	中矿 II	2.24	0.59	0.91	2.13	2.22
	中矿 III	1.86	1.42	6.24	4.26	12.62
	中矿 IV	0.64	2.51	6.09	2.60	4.24
	中矿 V	0.20	8.89	4.44	2.90	0.97
	中矿 VI	0.11	10.25	2.64	1.75	0.30
	镍精矿	8.24	0.69	6.29	9.17	56.34
	尾矿	76.45	0.14	0.21	17.22	17.27
	原矿	100.00	0.62	0.92	100.00	100.00

由表 8-36 可见，铜镍分离后的铜精矿经过四次精选可以获得品位较高的铜精矿，此时可以获得含铜 32.15%、铜回收率53.67%，含镍 0.67%、镍回收率 0.75%的铜精矿，含铜 0.69%、铜分布率 9.17%，含镍 6.29%、镍回收率 56.34%的镍精矿。

8.4.13 铜镍混合浮选工艺方案闭路流程试验

为了进一步验证铜镍混合浮选工艺方案研究结果和考察中矿返回对浮选的影响，在开路流程试验的基础上进行铜镍混合浮选闭路流程试验。闭路试验流程如图 8-31 所示，试验结果见表 8-37。

由表 8-37 可见，采用铜镍混合浮选工艺流程可以得到含铜 31.53%、铜回收率 70.70%，含镍 0.82%、镍回收率 1.26%的铜精矿；含铜 0.32%、铜回收率 5.97%，含镍 6.18%、镍回收率 79.31%的镍精矿。

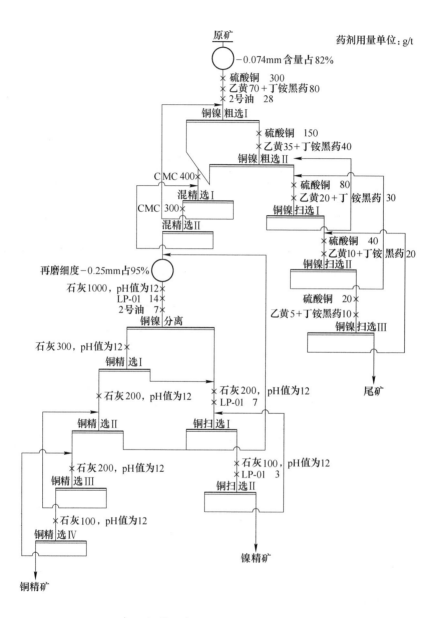

图 8-31 铜镍混合浮选工艺方案闭路试验流程

表 8-37 铜镍混合浮选工艺方案闭路流程试验结果

产品名称	产率/%	品位/%		回收率/%	
		Cu	Ni	Cu	Ni
铜精矿	1.48	31.53	0.82	70.70	1.26
镍精矿	12.32	0.32	6.18	5.97	79.31
尾矿	86.20	0.18	0.22	23.32	19.43
原矿	100.00	0.66	0.96	100.00	100.00

铜镍混合浮选工艺获得的铜、镍精矿不但主金属品位较高，而且铜、镍回收率也较高，同时铜、镍精矿质量较好，铜镍互含较少。

8.5 铜镍等可浮浮选工艺方案试验

铜镍等可浮浮选工艺方案是采用等可浮浮选的工艺流程。即在浮选铜矿物时选择对铜具有高选择性的捕收剂回收铜矿物，同时为了保证镍的回收率，避免镍矿物被抑制后活化困难，在浮铜过程中不对镍矿物进行抑制，使与铜矿物连生好浮的镍矿物一并浮选，将粗选得到的铜矿物和部分镍矿物精选后进行铜镍分离，得到铜精矿和一部分镍精矿。铜尾经活化后再回收另一部分镍矿物。以下试验将围绕等可浮浮选工艺方案进行详细的选矿试验研究。

8.5.1 铜粗选捕收剂种类对铜浮选的影响

在铜镍等可浮浮选工艺方案中选择对铜具有高选择强捕收能力的捕收剂是试验的关键。本试验主要研究铜粗选捕收剂种类条件试验，主要考察了 LP-01、Z-200、Mac-12、丁基黄药、乙基黄药这几种捕收剂对铜浮选指标的影响。试验流程如图 8-32 所示，试验结果见表 8-38。

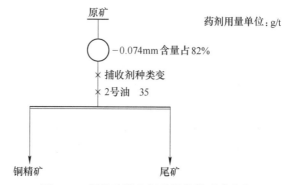

图 8-32　铜粗选捕收剂种类条件试验流程

表 8-38　铜粗选捕收剂种类对铜浮选的影响

捕收剂种类	产品名称	产率/%	品位/%		回收率/%	
			Cu	Ni	Cu	Ni
LP-01 21 g/t	铜精矿	13.68	3.71	4.25	79.30	61.20
	尾矿	86.32	0.15	0.43	20.70	38.80
	原矿	100.00	0.64	0.95	100.00	100.00
Z-200 21g/t	铜精矿	13.16	3.96	4.27	80.17	58.53
	尾矿	86.84	0.15	0.46	19.83	41.47
	原矿	100.00	0.65	0.96	100.00	100.00
Mac-12 21g/t	铜精矿	11.68	4.25	4.92	75.21	59.24
	尾矿	88.32	0.19	0.45	24.79	40.76
	原矿	100.00	0.66	0.97	100.00	100.00
丁基黄药 100g/t	铜精矿	15.64	3.42	4.36	81.04	71.78
	尾矿	84.36	0.15	0.32	18.96	28.22
	原矿	100.00	0.66	0.95	100.00	100.00
乙基黄药 100g/t	铜精矿	14.25	3.54	4.87	80.07	73.83
	尾矿	85.75	0.15	0.29	19.93	26.17
	原矿	100.00	0.63	0.94	100.00	100.00

　　由于等可浮浮选工艺是将粗选得到的铜矿物和少部分镍矿物进行铜镍分离，减小铜镍分离的压力，所以在铜粗选时必须尽可能少地引入镍矿物。而由表 8-38 可见，采用 Z-200 作铜矿物捕收剂时镍矿物含量最少，同时铜粗精矿中铜回收率也较高。因此，选取 Z-200 作为铜粗选的捕收剂。

8.5.2　铜粗选捕收剂用量对铜浮选的影响

　　选取 Z-200 作为铜粗选捕收剂，本试验主要考察 Z-200 的用量对选铜指标的影响。试验流程图如图 8-33 所示，试验结果见表 8-39。

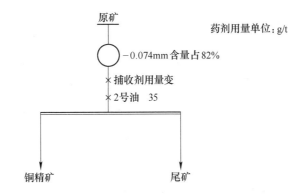

图 8-33　铜粗选 Z-200 用量条件试验流程

表 8-39　铜粗选 Z-200 用量对铜浮选的影响

Z-200 用量 /g·t⁻¹	产品名称	产率 /%	品位/%		回收率/%	
			Cu	Ni	Cu	Ni
	铜精矿	9.87	4.78	4.36	70.42	45.78
14	尾矿	90.13	0.22	0.57	29.58	54.22
	原矿	100.00	0.67	0.94	100.00	100.00

Z-200 用量 /g·t⁻¹	产品名称	产率 /%	品位/%		回收率/%	
			Cu	Ni	Cu	Ni
21	铜精矿	11.84	4.06	4.21	75.11	52.47
	尾矿	88.16	0.18	0.51	24.89	47.53
	原矿	100.00	0.64	0.95	100.00	100.00
28	铜精矿	13.16	3.96	4.27	80.17	58.53
	尾矿	86.84	0.15	0.46	19.83	41.47
	原矿	100.00	0.65	0.96	100.00	100.00
35	铜精矿	14.25	3.54	4.55	81.36	68.25
	尾矿	85.75	0.13	0.35	18.64	31.75
	原矿	100.00	0.62	0.95	100.00	100.00

由表 8-39 可见, 随着 Z-200 用量的增加, 粗精矿中铜回收率逐渐升高, 杂质镍的含量也逐渐升高。当 Z-200 用量为 28g/t 时, 铜粗精矿的选别指标最好。此后若继续增大 Z-200 的用量, 铜粗精矿中铜回收率变化不大而镍的含量增幅较大。因此, 在后续试验中 Z-200 的用量定为 28g/t。

8.5.3 铜粗选磨矿细度对铜浮选的影响

磨矿细度的选择决定了铜镍矿物与脉石矿物是否充分单体解离, 本试验考察了磨矿细度对铜浮选的影响, 试验流程如图 8-34 所示, 试验结果见表 8-40。

由表 8-40 可见, 随着磨矿细度 (-0.074mm 含量) 由 75% 增大到 82%, 铜粗精矿中铜回收率逐渐升高。当磨矿细度 (-0.074mm 含量) 为 82% 时, 铜的选别指标最好, 因此后续试验中铜粗选的磨矿细度还是选取 82% 左右较为合适。

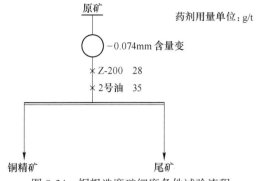

图 8-34 铜粗选磨矿细度条件试验流程

表 8-40 铜粗选磨矿细度对铜浮选的影响

磨矿细度 (−0.074mm 含量)	产品名称	产率 /%	品位/%		回收率/%	
			Cu	Ni	Cu	Ni
75	铜精矿	11.46	4.02	5.02	69.80	60.56
	尾矿	88.54	0.23	0.42	30.20	39.44
	原矿	100.00	0.66	0.95	100.00	100.00
78	铜精矿	11.94	4.01	4.87	74.81	61.21
	尾矿	88.06	0.18	0.42	25.19	38.79
	原矿	100.00	0.64	0.95	100.00	100.00
80	铜精矿	12.48	3.89	4.47	77.06	59.35
	尾矿	87.52	0.17	0.44	22.94	40.65
	原矿	100.00	0.63	0.94	100.00	100.00
82	铜精矿	13.16	3.96	4.27	80.17	58.53
	尾矿	86.84	0.15	0.46	19.83	41.47
	原矿	100.00	0.65	0.96	100.00	100.00

8.5.4 铜精选 CMC 用量对铜选矿指标的影响

在铜粗选过程中发现铜粗精矿中含有较多的蛇纹石、滑石、绿泥石等含镁的脉石矿物，而 CMC 对这些脉石矿物具有很强的抑制作用，且在前面两个工艺方案试验中利用 CMC 抑制这些脉石矿物效果较好，故本试验将继续用 CMC 作为脉石矿物的抑制剂，并考察 CMC 的用量对铜选矿指标的影响。试验流程图如图 8-35 所示，试验结果见表 8-41。

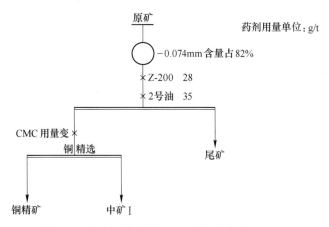

图 8-35　铜精选抑制剂 CMC 用量条件试验流程

表 8-41　铜精选抑制剂 CMC 用量对铜选矿指标的影响

抑制剂 CMC 用量/g·t⁻¹	产品名称	产率 /%	品位/%		回收率/%	
			Cu	Ni	Cu	Ni
400	铜精矿	7.46	5.51	5.42	64.23	43.95
	铜中矿 I	5.43	1.71	2.34	14.51	13.81
	尾矿	87.11	0.16	0.45	21.27	42.24
	原矿	100.00	0.64	0.92	100.00	100.00
300	铜精矿	8.33	5.31	5.52	69.11	49.98
	铜中矿 I	4.83	1.36	1.54	10.26	8.09
	尾矿	86.84	0.15	0.44	20.62	41.94
	原矿	100.00	0.64	0.92	100.00	100.00

抑制剂 CMC 用量/g·t⁻¹	产品名称	产率 /%	品位/%		回收率/%	
			Cu	Ni	Cu	Ni
200	铜精矿	9.23	4.91	5.02	70.81	50.36
	铜中矿 I	3.95	1.62	1.74	10.00	7.47
	尾矿	86.82	0.14	0.45	19.19	42.17
	原矿	100.00	0.64	0.92	100.00	100.00

由表 8-41 可以看出，在精选时加入 CMC 后，脉石矿物得到了有效的抑制，铜、镍品位明显升高。当 CMC 用量为 300g/t 时，铜、镍选别指标最好，因此在铜精选时抑制剂 CMC 用量定为 300g/t。

铜粗精矿加入 CMC 300g/t 进行一次精选后可以获得含铜 5.31%、铜回收率 69.11%，含镍 5.52%、镍回收率 49.98%的混合精矿。此精矿中铜、镍品位都较高，所以不需要继续进行精选，选取精选次数为一次即可。同时由工艺矿物学研究结果可知，铜、镍矿物共生明显，连生致密，如不进行精矿再磨，实现单体充分解离，铜、镍矿物难以分离，所以后续试验准备开展铜镍分离试验，考察铜镍分离条件对铜、镍选矿指标的影响。

8.5.5 精矿再磨细度对铜镍分离指标的影响

本试验考察了铜镍混合精矿再磨细度对铜镍分离选矿指标的影响，试验流程如图 8-36 所示，试验结果见表 8-42。

由表 8-42 可见，随着精矿再磨细度的增加，铜精矿中镍的含量逐渐减少，铜精矿铜品位和回收率逐渐升高。同时镍精矿中铜的含量也逐渐降低，且镍的品位和回收率也有所升高。说明增加铜镍混合精矿的再磨细度对铜镍精矿分离有很好的促进作用，效果明显。当再磨细度-0.025mm 含量为95%时，铜镍分离指标最好。因此，选取铜镍精矿再磨细度-0.025mm 含量为95%。

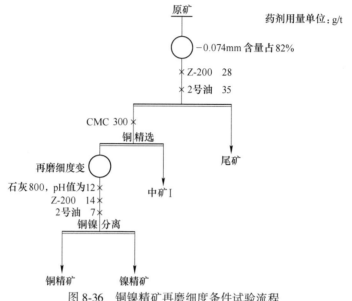

图 8-36 铜镍精矿再磨细度条件试验流程

表 8-42 精矿再磨细度对铜镍分离选矿指标的影响

再磨细度	产品名称	产率/%	品位/%		回收率/%	
			Cu	Ni	Cu	Ni
不再磨	铜精矿	1.53	17.28	5.58	41.97	9.28
	中矿 I	4.75	1.37	1.62	10.33	8.36
	镍精矿	6.94	2.49	5.11	27.43	38.55
	尾矿	86.78	0.15	0.46	20.28	43.81
	原矿	100.00	0.63	0.92	100.00	100.00
再磨 10min，-0.025mm 含量占 85%	铜精矿	2.26	13.86	5.52	49.72	13.56
	中矿 I	4.54	1.39	1.65	10.02	8.14
	镍精矿	6.33	2.01	5.12	20.20	35.23
	尾矿	86.87	0.15	0.46	20.07	43.07
	原矿	100.00	0.63	0.92	100.00	100.00

续表 8-42

再磨细度	产品名称	产率/%	品位/%		回收率/%	
			Cu	Ni	Cu	Ni
再磨 20min, −0.025mm 含量占 90%	铜精矿	2.87	11.69	4.92	53.25	15.35
	中矿 I	4.72	1.36	1.59	10.19	8.16
	镍精矿	5.53	1.85	5.52	16.24	33.18
	尾矿	86.88	0.15	0.46	20.32	43.31
	原矿	100.00	0.63	0.92	100.00	100.00
再磨 30min, −0.025mm 含量占 95%	铜精矿	3.14	12.63	3.83	61.97	13.07
	中矿 I	4.64	1.37	1.62	9.93	8.17
	镍精矿	5.22	0.99	6.28	8.07	35.63
	尾矿	87.00	0.15	0.46	20.03	43.13
	原矿	100.00	0.64	0.92	100.00	100.00

8.5.6 Z-200 用量对铜镍分离指标的影响

采用 Z-200 作铜镍分离时铜矿物捕收剂，本试验考察了 Z-200 用量对铜镍分离选矿指标的影响，试验流程如图 8-37 所示，试验结果见表 8-43。

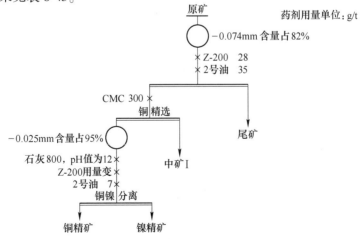

图 8-37　Z-200 用量条件试验流程

表 8-43　Z-200 用量对铜镍分离选矿指标的影响

Z-200 用量 /g·t⁻¹	产品名称	产率 /%	品位/%		回收率/%	
			Cu	Ni	Cu	Ni
7	铜精矿	2.64	13.62	3.64	56.18	10.45
	中矿 I	4.73	1.37	1.62	10.13	8.33
	镍精矿	5.73	1.48	5.98	13.25	37.25
	尾矿	86.90	0.15	0.47	20.44	43.98
	原矿	100.00	0.64	0.92	100.00	100.00
14	铜精矿	3.14	12.63	3.83	61.97	13.07
	中矿 I	4.64	1.37	1.62	9.93	8.17
	镍精矿	5.22	0.99	6.28	8.07	35.63
	尾矿	87.00	0.15	0.46	20.03	43.13
	原矿	100.00	0.64	0.92	100.00	100.00
21	铜精矿	3.64	10.98	3.97	62.45	15.71
	中矿 I	4.75	1.35	1.58	10.02	8.16
	镍精矿	4.75	0.93	6.25	6.90	32.27
	尾矿	86.86	0.15	0.46	20.63	43.87
	原矿	100.00	0.64	0.92	100.00	100.00

由表 8-43 可见，随着 Z-200 用量的增加，铜精矿中铜回收率逐渐升高，当 Z-200 用量为 14g/t 时，铜镍分离指标最好。所以铜镍分离时 Z-200 用量定为 14g/t 较合适。

8.5.7　石灰用量对铜镍分离指标的影响

铜镍分离时采用石灰作镍矿物的抑制剂进行抑镍浮铜铜镍分离，本试验考察了石灰用量对铜镍分离选矿指标的影响，试验流程如图 8-38 所示，试验结果见表 8-44。

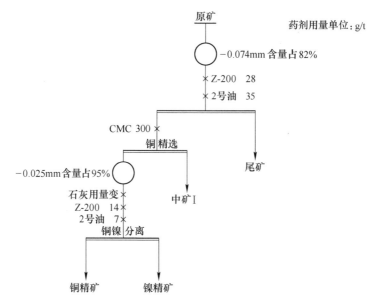

图 8-38 石灰用量条件试验流程

表 8-44 石灰用量对铜镍分离选矿指标的影响

石灰用量 /g·t⁻¹	产品 名称	产率 /%	品位/%		回收率/%	
			Cu	Ni	Cu	Ni
400 (pH 值为 10)	铜精矿	5.14	8.31	4.36	66.74	24.36
	中矿 I	4.61	1.39	1.66	10.01	8.32
	镍精矿	3.15	0.64	6.87	3.15	23.52
	尾矿	87.10	0.15	0.46	20.10	43.80
	原矿	100.00	0.64	0.92	100.00	100.00
600 (pH 值为 11)	铜精矿	3.83	10.68	3.93	63.91	16.36
	中矿 I	4.82	1.39	1.67	10.47	8.75
	镍精矿	4.65	0.67	6.23	4.87	31.49
	尾矿	86.70	0.15	0.46	20.75	43.40
	原矿	100.00	0.64	0.92	100.00	100.00

石灰用量 /g·t⁻¹	产品 名称	产率 /%	品位/%		回收率/%	
			Cu	Ni	Cu	Ni
800 (pH 值为 12)	铜精矿	3.14	12.63	3.83	61.97	13.07
	中矿 I	4.64	1.37	1.62	9.93	8.17
	镍精矿	5.22	0.99	6.28	8.07	35.63
	尾矿	87.00	0.15	0.46	20.03	43.13
	原矿	100.00	0.64	0.92	100.00	100.00
1000 (pH 值为 13)	铜精矿	2.54	13.80	3.42	54.77	9.44
	中矿 I	4.87	1.35	1.64	10.27	8.68
	镍精矿	5.84	1.56	5.89	14.24	37.39
	尾矿	86.75	0.15	0.47	20.72	44.49
	原矿	100.00	0.64	0.92	100.00	100.00

从表 8-44 可见，随着石灰用量的增加，铜精矿的品位逐渐升高，同时铜精矿中镍矿物的含量逐渐减少。当石灰用量为 800g/t，也即矿浆 pH 值为 12 左右时，铜精矿的选别指标最好，此后继续增大石灰用量，铜回收率降幅较大。为此，选取铜镍分离时石灰用量为 800g/t，即矿浆 pH 值为 12 左右较合适。

8.5.8 铜精选次数对铜选矿指标的影响

为了提高铜精矿质量，强化对铜精矿中镍矿物的抑制，铜镍分离后进行了铜精矿精选次数条件试验，考察了铜精选次数对铜选矿指标的影响。试验流程如图 8-39 所示，试验结果见表 8-45。

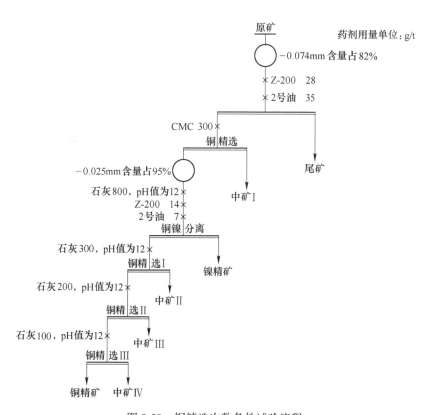

图 8-39 铜精选次数条件试验流程

表 8-45 铜精选次数对铜选矿指标的影响

精选次数	产品名称	产率/%	品位/%		回收率/%	
			Cu	Ni	Cu	Ni
精选一次	铜精矿	1.76	21.03	2.01	57.83	3.80
	中矿 I	4.82	1.36	1.63	10.24	8.45
	镍精矿	5.19	1.02	6.31	8.27	35.21
	中矿 II	1.42	1.51	6.18	3.35	9.44
	尾矿	86.81	0.15	0.46	20.30	43.10
	原矿	100.00	0.64	0.93	100.00	100.00

精选次数	产品名称	产率 /%	品位/%		回收率/%	
			Cu	Ni	Cu	Ni
精选两次	铜精矿	1.31	26.90	1.12	55.93	1.56
	中矿Ⅰ	4.72	1.36	1.63	10.19	8.18
	镍精矿	5.31	1.02	6.28	8.60	35.48
	中矿Ⅱ	1.37	1.71	6.21	3.72	9.05
	中矿Ⅲ	0.43	2.05	4.36	1.40	1.99
	尾矿	86.86	0.15	0.47	20.16	43.73
	原矿	100.00	0.63	0.94	100.00	100.00
精选三次	铜精矿	1.11	31.20	0.67	54.97	0.81
	中矿Ⅰ	4.64	1.37	1.62	10.09	8.17
	镍精矿	5.22	0.99	6.28	8.20	35.63
	中矿Ⅱ	1.38	1.84	6.13	4.03	9.20
	中矿Ⅲ	0.42	2.03	4.28	1.35	1.95
	中矿Ⅳ	0.18	3.01	2.87	0.86	0.56
	尾矿	87.05	0.15	0.46	20.49	43.68
	原矿	100.00	0.63	0.92	100.00	100.00

从表 8-45 可见，铜镍分离后的铜精矿经过三次精选可以获得品位较高的铜精矿，此时可以获得含铜 31.20%、铜回收率 54.97%，含镍 0.67%、镍回收率 0.81%的铜精矿，含铜 0.99%、铜回收率 8.20%，含镍 6.28%、镍回收率 35.63%的镍精矿。

对铜尾矿进行扫选时发现，扫选的泡沫中含铜量较少，铜品位只有 0.08%，回收率为 1.05%；而镍的含量相对较多，镍品位为 0.94%，镍回收率为 4.62%。由于铜的含量较少，且这部分扫选的泡沫返回粗选后进入铜镍精选作业时势必会对铜镍分离带来一定的困难，同时铜粗选回收率较高，为 80.17%。为此，综合考虑后决定对铜尾矿不进行扫选，而直接进行浮镍作业。

8.5.9 镍粗选捕收剂种类对镍浮选的影响

本试验考察了各种捕收剂对选镍试验指标的影响，试验流程如图 8-40 所示，试验结果见表 8-46。

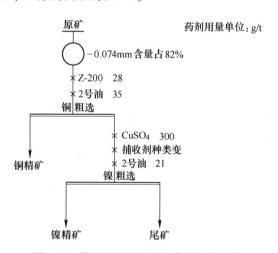

图 8-40 镍粗选捕收剂种类条件试验流程

表 8-46 镍粗选捕收剂种类对镍浮选的影响

捕收剂种类	产品名称	产率/%	品位/%		回收率/%	
			Cu	Ni	Cu	Ni
丁基黄药 120g/t	铜精矿	13.52	3.74	3.97	81.56	57.71
	镍精矿	7.35	0.37	2.03	4.39	16.04
	尾矿	79.13	0.11	0.31	14.06	26.24
	原矿	100.00	0.62	0.93	100.00	100.00
乙基黄药 120g/t	铜精矿	12.89	4.11	4.31	80.27	58.48
	镍精矿	7.56	0.36	2.01	4.12	16.00
	尾矿	79.55	0.13	0.30	15.61	25.52
	原矿	100.00	0.66	0.95	100.00	100.00

捕收剂种类	产品名称	产率/%	品位/%		回收率/%	
			Cu	Ni	Cu	Ni
丁铵黑药 120g/t	铜精矿	13.34	3.81	4.15	80.68	58.27
	镍精矿	6.24	0.33	2.27	3.27	14.91
	尾矿	80.42	0.13	0.32	16.06	26.81
	原矿	100.00	0.63	0.95	100.00	100.00
丁黄+丁铵 60g/t+60g/t	铜精矿	13.65	3.76	4.02	80.19	58.38
	镍精矿	7.86	0.37	1.83	4.54	15.30
	尾矿	78.49	0.12	0.32	15.26	26.32
	原矿	100.00	0.64	0.94	100.00	100.00
乙黄+丁铵 60g/t+60g/t	铜精矿	13.16	3.96	4.27	80.17	58.53
	镍精矿	8.46	0.35	1.98	4.56	17.45
	尾矿	78.38	0.13	0.29	15.27	24.02
	原矿	100.00	0.65	0.96	100.00	100.00

由表 8-46 可知，各种捕收剂对镍矿物都有一定的捕收能力，其中采用混合捕收剂（乙黄+丁铵）作镍矿物捕收剂时，镍粗精矿选别指标最好，因此选取混合捕收剂（乙黄+丁铵）作镍粗选捕收剂。

8.5.10　镍粗选捕收剂用量对镍浮选的影响

选取混合捕收剂（乙黄+丁铵）作为镍粗选捕收剂，考察（乙黄+丁铵）的用量对铜镍浮选指标的影响。试验采用二因素三水平析因法，试验流程如图 8-41 所示，各因素各水平取值见表 8-47，试验安排见表 8-48，试验结果见表 8-49。

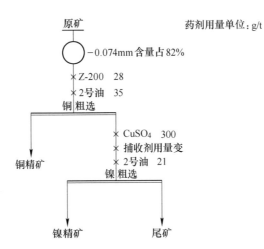

图 8-41 镍粗选捕收剂用量条件试验流程

表 8-47 各因素各水平取值

因　素	水　平		
	低水平（1）	中水平（2）	高水平（3）
A：乙基黄药用量/g·t^{-1}	50	60	70
B：丁铵黑药用量/g·t^{-1}	50	60	70

表 8-48 （乙黄+丁铵）二因素三水平析因试验安排

试验序号	因素水平安排	用量安排
1	A_1B_1	乙基黄药 50g/t+丁铵黑药 50g/t
2	A_1B_2	乙基黄药 50g/t+丁铵黑药 60g/t
3	A_1B_3	乙基黄药 50g/t+丁铵黑药 70g/t
4	A_2B_1	乙基黄药 60g/t+丁铵黑药 50g/t
5	A_2B_2	乙基黄药 60g/t+丁铵黑药 60g/t
6	A_2B_3	乙基黄药 60g/t+丁铵黑药 70g/t
7	A_3B_1	乙基黄药 70g/t+丁铵黑药 50g/t
8	A_3B_2	乙基黄药 70g/t+丁铵黑药 60g/t
9	A_3B_3	乙基黄药 70g/t+丁铵黑药 70g/t

表 8-49　粗选捕收剂用量对铜镍浮选的影响

序号	产品名称	产率/%	品位/%		回收率/%	
			Cu	Ni	Cu	Ni
1	铜精矿	13.14	3.86	4.15	80.51	58.64
	镍精矿	7.54	0.28	1.77	3.35	14.35
	尾矿	79.32	0.13	0.32	16.14	27.01
	原矿	0.92	0.63	0.93	100.00	100.00
2	铜精矿	12.84	3.92	4.31	79.89	58.87
	镍精矿	8.02	0.33	1.78	4.20	15.19
	尾矿	79.14	0.13	0.31	15.91	25.94
	原矿	0.92	0.63	0.94	100.00	100.00
3	铜精矿	13.24	3.93	4.23	83.92	59.58
	镍精矿	8.41	0.31	1.96	4.21	17.54
	尾矿	78.35	0.09	0.27	11.87	22.88
	原矿	100.00	0.62	0.94	100.00	100.00
4	铜精矿	12.84	4.02	4.31	79.41	57.65
	镍精矿	8.12	0.29	1.92	3.62	16.24
	尾矿	79.04	0.14	0.32	16.97	26.11
	原矿	100.00	0.65	0.96	100.00	100.00
5	铜精矿	13.31	3.97	4.26	81.29	59.06
	镍精矿	8.84	0.31	1.86	4.22	17.13
	尾矿	77.85	0.12	0.29	14.49	23.81
	原矿	100.00	0.65	0.96	100.00	100.00
6	铜精矿	13.24	3.93	4.23	80.05	58.34
	镍精矿	9.24	0.33	1.98	4.69	19.06
	尾矿	77.52	0.13	0.28	15.26	22.60
	原矿	100.00	0.65	0.96	100.00	100.00

序号	产品名称	产率/%	品位/%		回收率/%	
			Cu	Ni	Cu	Ni
7	铜精矿	13.61	3.84	4.11	80.40	58.27
	镍精矿	9.65	0.31	1.85	4.60	18.60
	尾矿	76.74	0.13	0.29	14.99	23.14
	原矿	100.00	0.65	0.96	100.00	100.00
8	铜精矿	13.25	3.94	4.25	80.32	58.66
	镍精矿	9.84	0.29	1.65	4.39	16.91
	尾矿	76.91	0.13	0.30	15.29	24.43
	原矿	100.00	0.65	0.96	100.00	100.00
9	铜精矿	13.42	3.78	4.08	80.52	58.25
	镍精矿	9.72	0.26	1.75	4.01	18.10
	尾矿	76.86	0.13	0.29	15.47	23.66
	原矿	100.00	0.63	0.94	100.00	100.00

由表 8-49 可见，随着（乙黄＋丁铵）用量的增加，混合粗精矿中铜、镍回收率逐渐升高。当（乙黄＋丁铵）用量为 60g/t＋70g/t 时选别指标最好。因此，在后续试验中选取（乙黄＋丁铵）的用量为 60g/t＋70g/t。

8.5.11 镍粗选硫酸铜用量对镍浮选的影响

本试验考察了活化剂硫酸铜用量对镍浮选指标的影响，试验流程如图 8-42 所示，试验结果见表 8-50。

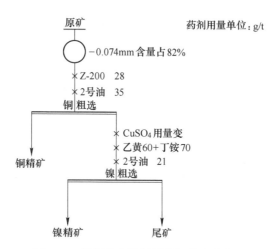

图 8-42 镍粗选硫酸铜用量条件试验流程

表 8-50 镍粗选硫酸铜用量对镍浮选指标的影响

硫酸铜用量 /g·t⁻¹	产品名称	产率/%	品位/%		回收率/%	
			Cu	Ni	Cu	Ni
0	铜精矿	13.12	3.87	4.24	80.59	59.18
	镍精矿	7.42	0.21	1.68	2.47	13.26
	尾矿	79.46	0.13	0.33	16.93	27.56
	原矿	100.00	0.63	0.94	100.00	100.00
200	铜精矿	12.94	3.91	4.21	80.31	58.58
	镍精矿	8.04	0.25	1.82	3.19	15.73
	尾矿	79.02	0.13	0.30	16.50	25.69
	原矿	100.00	0.63	0.93	100.00	100.00
300	铜精矿	13.24	3.93	4.23	80.05	58.34
	镍精矿	9.24	0.33	1.98	4.69	19.06
	尾矿	77.52	0.13	0.28	15.26	22.60
	原矿	100.00	0.65	0.96	100.00	100.00

续表 8-50

硫酸铜用量 /g·t⁻¹	产品名称	产率/%	品位/%		回收率/%	
			Cu	Ni	Cu	Ni
400	铜精矿	13.24	3.78	4.11	80.72	57.89
	镍精矿	9.64	0.28	1.87	4.35	19.18
	尾矿	77.12	0.12	0.28	14.93	22.93
	原矿	100.00	0.62	0.94	100.00	100.00

由表 8-50 可见，添加硫酸铜活化镍矿物效果很明显。当硫酸铜用量为 300g/t 时，镍的选矿指标最好，所以在后续试验中选取硫酸铜用量为 300g/t。

8.5.12 镍精选 CMC 用量对镍选矿指标的影响

在前面的精选试验中，采用 CMC 抑制脉石矿物效果很好，所以本试验继续采用 CMC 作脉石矿物的抑制剂，并考察 CMC 的用量对镍选矿指标的影响。试验流程如图 8-43 所示，试验结果见表 8-51。

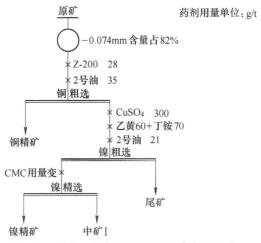

图 8-43　镍精选抑制剂 CMC 用量条件试验流程

表 8-51 镍精选抑制剂 CMC 用量对镍选矿指标的影响

CMC 用量 /g·t⁻¹	产品名称	产率 /%	品位/%		回收率/%	
			Cu	Ni	Cu	Ni
500	铜精矿	13.12	3.92	4.20	80.36	58.62
	镍精矿	3.86	0.47	3.13	2.83	12.85
	中矿 I	5.34	0.26	0.46	2.17	2.61
	尾矿	77.68	0.12	0.31	14.64	25.91
	原矿	100.00	0.64	0.94	100.00	100.00
400	铜精矿	13.34	3.79	4.18	80.25	59.96
	镍精矿	4.78	0.42	3.11	3.19	15.98
	中矿 I	4.46	0.21	0.32	1.49	1.53
	尾矿	77.42	0.12	0.27	15.07	22.52
	原矿	100.00	0.63	0.93	100.00	100.00
300	铜精矿	13.42	3.78	4.09	80.52	58.39
	镍精矿	5.68	0.31	2.88	2.79	17.40
	中矿 I	3.54	0.22	0.34	1.24	1.28
	尾矿	77.36	0.13	0.28	15.45	22.93
	原矿	100.00	0.63	0.94	100.00	100.00
200	铜精矿	13.24	3.82	4.15	80.28	58.45
	镍精矿	6.31	0.28	2.57	2.80	17.25
	中矿 I	3.02	0.17	0.29	0.81	0.93
	尾矿	77.43	0.13	0.28	16.10	23.36
	原矿	100.00	0.63	0.94	100.00	100.00

由表 8-51 可知，随着抑制剂 CMC 用量的增加，镍精矿中铜、镍品位逐渐升高。当 CMC 用量为 400g/t 时，镍精矿选别指标最好。所以在镍第一次精选时选取抑制剂 CMC 的用量为 400g/t。

8.5.13 镍精选次数对镍选矿指标的影响

为了得到合格的镍精矿，进行了镍精选次数条件试验，考察镍精选次数对镍选矿指标的影响。试验流程如图 8-44 所示，试验结果见表 8-52。

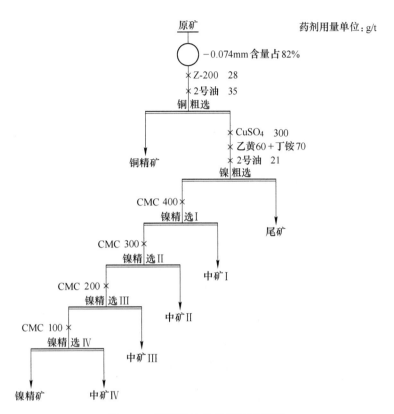

图 8-44 镍精选次数条件试验流程

表 8-52 镍精选次数对镍选矿指标的影响

精选条件	产品名称	产率/%	品位/%		回收率/%	
			Cu	Ni	Cu	Ni
精选一次，精选 I 加 CMC 400g/t	铜精矿	13.34	3.79	4.18	80.25	59.96
	镍精矿	4.78	0.42	3.11	3.19	15.98
	中矿 I	4.46	0.21	0.32	1.49	1.53
	尾矿	77.42	0.12	0.27	15.07	22.52
	原矿	100.00	0.63	0.93	100.00	100.00

精选条件	产品名称	产率/%	品位/%		回收率/%	
			Cu	Ni	Cu	Ni
精选两次，精选Ⅰ加 CMC 400g/t，精选Ⅱ加 CMC 300g/t	铜精矿	13.65	3.71	4.11	80.38	59.05
	镍精矿	3.25	0.32	4.68	1.65	16.01
	中矿Ⅰ	4.62	0.21	0.33	1.54	1.60
	中矿Ⅱ	1.61	0.24	0.38	0.61	0.64
	尾矿	0.00	0.28	0.43	0.00	0.00
	原矿	0.00	0.42	0.53	0.00	0.00
精选三次，精选Ⅰ加 CMC 400g/t，精选Ⅱ加 CMC 300g/t，精选Ⅲ加 CMC 200g/t	铜精矿	13.45	3.82	4.08	80.28	58.38
	镍精矿	2.54	0.46	5.46	1.83	14.75
	中矿Ⅰ	4.52	0.20	0.31	1.41	1.49
	中矿Ⅱ	1.56	0.23	0.38	0.56	0.63
	中矿Ⅲ	0.69	0.28	0.43	0.30	0.32
	尾矿	77.24	0.13	0.30	15.62	24.43
	原矿	100.00	0.64	0.94	100.00	100.00
精选四次，精选Ⅰ加 CMC 400g/t，精选Ⅱ加 CMC 300g/t，精选Ⅲ加 CMC 200g/t，精选Ⅳ加 CMC 100g/t	铜精矿	13.34	3.79	4.18	80.25	59.96
	镍精矿	2.18	0.53	6.21	1.83	14.56
	中矿Ⅰ	4.46	0.21	0.32	1.49	1.53
	中矿Ⅱ	1.53	0.24	0.39	0.58	0.64
	中矿Ⅲ	0.74	0.27	0.42	0.32	0.33
	中矿Ⅳ	0.37	0.42	0.53	0.25	0.21
	尾矿	77.38	0.12	0.27	15.28	22.76
	原矿	100.00	0.63	0.93	100.00	100.00

从表 8-52 可见，镍粗精矿经过四次精选可以得到合格的镍精矿，此时可以获得含铜 0.53%、铜回收率 1.83%，含镍 6.21%、镍回收率 14.56%的镍精矿。

8.5.14　铜镍等可浮浮选工艺方案闭路流程试验

为了进一步验证铜镍等可浮浮选工艺方案研究结果和考察中矿

返回对浮选的影响，在开路流程试验的基础上进行了铜镍等可浮浮选方案闭路流程试验。闭路试验流程如图 8-45 所示，试验结果见表 8-53。

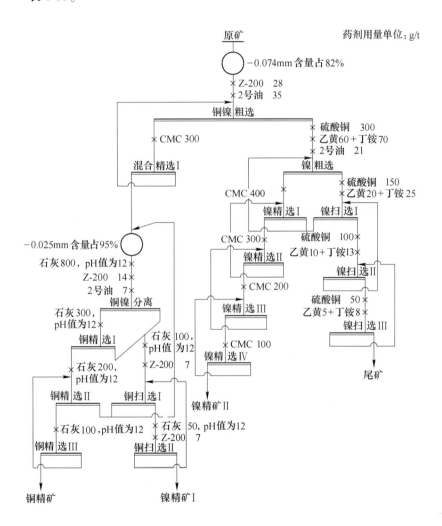

图 8-45　铜镍等可浮浮选工艺方案闭路试验流程

表 8-53 铜镍等可浮浮选工艺方案闭路流程试验结果

产品名称	产率/%	品位/%		回收率/%	
		Cu	Ni	Cu	Ni
铜精矿	1.37	30.68	0.92	63.68	1.31
镍精矿 I	8.54	0.57	6.05	7.38	53.82
镍精矿 II	3.34	0.48	5.83	2.43	20.28
尾矿	86.75	0.20	0.27	26.51	24.58
原矿	100.00	0.66	0.96	100.00	100.00

由表 8-53 可知，采用铜镍等可浮浮选工艺流程可以获得含铜 30.68%、铜回收率 63.68%，含镍 0.92%、镍回收率 1.31%的铜精矿；含铜 0.57%、铜回收率 7.38%，含镍 6.05%、镍回收率 53.82%的镍精矿 I；含铜 0.48%、铜回收率 2.43%，含镍 5.83%、镍回收率 20.28%的镍精矿 II。所得镍精矿 I 及镍精矿 II 累计镍品位为 5.99%，镍回收率为 74.10%。

此工艺方案获得的铜、镍单一精矿的品位和回收率都较高，但相对铜镍混合浮选工艺获得的铜镍精矿指标稍差。

8.6 铜镍选矿试验方案结果分析

根据吉林通化吉恩镍业有限责任公司所属的铜镍硫化矿矿石性质，进行了详细的选矿试验研究，研究结果表明：

（1）采用铜镍依次优先浮选工艺方案可以获得含铜 30.87%、铜回收率 66.89%，含镍 0.92%、镍回收率 1.37%的铜精矿；含铜 0.48%、铜回收率 2.79%，含镍 5.52%、镍回收率 22.02%的镍精矿。

（2）采用铜镍混合浮选工艺方案可以获得含铜 31.53%、铜回收率 70.70%，含镍 0.82%、镍回收率 1.26%的铜精矿；含铜

0.32%、铜回收率 5.97%，含镍 6.18%、镍回收率 79.31% 的镍精矿。

（3）采用铜镍等可浮浮选工艺方案可以获得含铜 30.68%、铜回收率 63.68%，含镍 0.92%、镍回收率 1.31% 的铜精矿；含铜 0.57%、铜回收率 7.38%，含镍 6.05%、镍回收率 53.82% 的镍精矿Ⅰ；含铜 0.48%、铜回收率 2.43%，含镍 5.83%、镍回收率 20.28% 的镍精矿Ⅱ。所得镍精矿Ⅰ及镍精矿Ⅱ累计镍品位为 5.99%，镍回收率为 74.10%。

三种工艺方案相比，铜镍优先浮选工艺方案可以得到品位较高的铜、镍精矿，但回收率偏低，主要原因是浮选铜矿物时对镍矿物进行了抑制，而镍矿物受到抑制后活化困难，导致镍回收率偏低；铜镍等可浮浮选工艺方案可以获得质量较好的铜、镍单一精矿，但精矿回收率也不高；铜镍混合浮选工艺方案获得的铜、镍精矿不但品位较高，质量较好，而且铜镍回收率都较高。因此，确定采用铜镍混合浮选工艺流程作为该铜镍硫化矿浮选回收的最佳工艺流程。

8.7　铜镍硫化矿选矿废水处理及废水回用试验

铜镍硫化矿在开采过程中需要大量的生产用水，同时排放出大量废水，其中选矿废水是重要的组成部分。在选矿过程中，为了有效地回收有用矿物，需要在不同的浮选作业中加入大量的浮选药剂，如捕收剂、活化剂、抑制剂、分散剂、起泡剂等，这些药剂在选矿厂排出的废弃溶液中均有所保留，同时，部分金属离子、悬浮物、有机和无机药剂的分解副产物都残存在选矿废弃溶液中，形成含有大量有害物质的选矿废水。若直接排放该选矿废水不仅对环境造成严重污染，而且还浪费大量的水资源；若返回选矿厂回用，由于有害离子的影响，导致分选指标变差，且此废水回用时沉降也十分困难。为此，从解决生产用水及清洁生产的角度出发，应对此选矿废水进行处理后再回收利用。

8.7.1 通化吉恩镍业现场选矿废水净化试验

8.7.1.1 通化吉恩镍业现场选矿废水水质分析及废水净化方案

吉林通化吉恩镍业有限责任公司所属的铜镍硫化矿是以铜、镍为主的大型多金属矿山。目前，生产现场采用"铜镍混浮—铜镍分离"工艺流程，并产出铜精矿和镍精矿，每年选矿生产耗水量约为100万立方米。由于尾矿废水性质复杂，没有得到合理的处理，导致废水难以回用。为查明影响废水净化及回用的原因，对现场尾矿库溢流水、未加药的尾矿浆及加药处理后的尾矿浆进行水质分析。废水水质监测结果列于表8-54。

表 8-54　废水水质监测结果

项目 \ 水样	尾矿库溢流水	加药处理后的尾矿	未加药处理的尾矿浆
pH 值	6~7	6~7	6~7
$SS/g \cdot L^{-1}$	1.4	—	68.25
$Cu/g \cdot L^{-1}$	0.0010	0.010	0.0080
$Pb/g \cdot L^{-1}$	0.0007	0.0031	0.0026
$Zn/g \cdot L^{-1}$	0.0031	0.0035	0.0089
$Ni/g \cdot L^{-1}$	0.0012	0.0059	0.011
$S/g \cdot L^{-1}$	<0.005	<0.005	<0.005
$SO_4^{2-}/g \cdot L^{-1}$	0.60	0.60	0.68
$COD/mg \cdot L^{-1}$	46.21	69.97	76.57

由表 8-54 可见，吉恩镍业现场尾矿废水经加药处理后效果不理想，导致废水难以回用。主要原因有：（1）固体悬浮物（SS）浓度高。由于该铜镍硫化矿矿石中脉石矿物种类繁多，性质复杂，主要为含镁的脉石矿物，如蛇纹石、透闪石、辉石、绿泥石等。这些脉石矿物质地柔软，容易泥化，在破碎、磨矿等作业中会产生大量的微细矿粒，并与水混合为矿浆后成为悬浊液，长时间静置后会出现清水层和矿浆层，但是超微细矿粒仍然不会下沉而呈现悬浮状态。另一方面，矿物的溶解及矿物与浮选药剂（CMC 等抑制剂）的作用也会生成胶体沉淀物，而此胶体沉淀物也难以沉降并呈现分散状态，这些微细矿粒和胶体沉淀物共同造成了浮选废水固体悬浮物（SS）浓度高，进而加大了废水回用的难度。（2）重金属含量高。$CuSO_4$ 作为镍矿物常见的活化剂被广泛应用，主要原因是 Cu^{2+}可以活化镍矿物。然而，这样直接导致废水中 Cu^{2+} 含量偏高，在废水回用时，Cu^{2+} 进入铜镍分离（抑镍浮铜铜镍分离）作业，将严重影响铜镍分离的效果，导致铜、镍精矿中主金属品位偏低，铜镍互含严重，进而影响铜、镍精矿的产品质量和回收率。另外，其他的一些重金属离子，如 Pb^{2+}、Zn^{2+} 也会对铜镍分离造成一定的影响。

针对现场未加药尾矿水固体悬浮物（SS）浓度高、重金属含量高等特点，试验考虑通过添加强电解质（通常使用石灰乳），使废水中的悬浮物从稳态中解脱。与此同时，废水中的铜、铅、锌等重金属能够在碱性条件下生成难溶化合物，因此通过加入石灰乳就可以达到既破坏废水的胶体稳定性，又可以同时沉淀去除废水中的重金属离子，然后再通过凝聚剂凝聚吸附以及对颗粒态物质的网捕，去除废水中残留悬浮物及其他杂质。

8.7.1.2 通化吉恩镍业现场选矿废水净化试验的设备 仪器及药剂

选矿废水净化试验的设备仪器比较简单，不需要专门的仪器设备，一般的选矿试验室都能进行，包括试验用搅拌器、分析天平（1/10000）及秒表等。根据试验工作量，需要一批 1000 mL 量筒、2000 mL 烧杯、塑料桶、塑料盆等。

试验采用的药剂有：石灰、聚丙烯酰胺（PAM）、氯化铝和硫酸亚铁。

8.7.1.3 凝聚剂种类对废水净化效果的影响

室温下，以石灰作为脱稳剂，分别选用聚丙烯酰胺（PAM，0.03g/L）、氯化铝（0.15g/L）及硫酸亚铁（7.5g/L）溶液作为凝聚剂进行凝聚试验。加入一定量的石灰乳于装有 1000 mL 废水的烧杯后，分别加入一定体积的 PAM、氯化铝和硫酸亚铁溶液，先快速（180r/min）搅拌 1min 后慢速（60r/min）搅拌 1min，静置10min。取上清液进行水质分析，水质分析结果见表 8-55。

表 8-55 凝聚剂种类对废水净化效果的影响

凝聚剂 \ 项目	废水 1000mL + 0.75g/L 石灰 + 0.03g/L PAM	废水 1000mL + 0.75g/L 石灰 + 0.15g/L 氯化铝	废水 1000mL + 0.75g/L 石灰 + 7.5g/L 硫酸亚铁
pH	8~9	8~9	6~7
$SS/g \cdot L^{-1}$	0.28	0.64	10.27
$Cu/g \cdot L^{-1}$	0.0017	0.0028	0.0062
$Pb/g \cdot L^{-1}$	0.0019	0.0029	0.0027
$Zn/g \cdot L^{-1}$	0.0010	<0.0005	0.0041
$Ni/g \cdot L^{-1}$	0.0043	0.0058	0.0093
$S/g \cdot L^{-1}$	<0.005	<0.005	<0.005
$SO_4^{2-}/g \cdot L^{-1}$	0.54	0.51	0.97
$COD/mg \cdot L^{-1}$	45.38	69.35	74.21

表 8-55 的试验结果表明，PAM 和氯化铝的凝聚效果优于硫酸亚铁，硫酸亚铁对重金属离子的处理效果不好，沉淀时间长，且加入的亚铁离子对废水的回用具有一定的影响。通过试验结果及试验现象（见图 8-46）的比较，PAM 的凝聚效果优于氯化铝，因此，选用 PAM 作为凝聚剂。

图 8-46 氯化铝（左）和 PAM（右）溶液处理尾矿废水

8.7.1.4 凝聚剂用量对吉恩镍业现场选矿废水净化效果的影响

在室温条件下，向装有 1000 mL 废水的五个烧杯中加入等量的石灰乳（0.75g/L）后，分别加入不同量的 PAM 溶液，先快速（180r/min）搅拌 1min 后，再慢速（60r/min）搅拌 1min，静置 10min。取上清液进行水质分析，水质分析结果见表 8-56。

表 8-56 的试验结果表明，用 PAM 作凝聚剂去除废水中的重金属离子有明显的效果，随着 PAM 溶液用量的增加，废水中的各类重金属离子都有明显的降低，当 PAM 用量达到 0.04g/L 时，继续

增大用量效果不明显，综合考虑到经济等因素的影响，PAM 溶液用量选用 0.04g/L。

表 8-56 凝聚剂用量对废水净化效果的影响

PAM 用量	0.02g/L	0.03g/L	0.04g/L	0.05g/L
pH 值	8~9	8~9	8~9	8~9
SS/g·L^{-1}	0.32	0.28	0.18	0.18
Cu/g·L^{-1}	0.0031	0.0017	0.0010	0.0011
Pb/g·L^{-1}	0.0028	0.0019	0.0017	0.0015
Zn/g·L^{-1}	0.0023	0.0010	0.0010	0.0011
Ni/g·L^{-1}	0.0078	0.0043	0.0062	0.0051
S/g·L^{-1}	<0.005	<0.005	<0.005	<0.005
SO$_4^{2-}$/g·L^{-1}	0.62	0.54	0.41	0.43
COD/mg·L^{-1}	50.21	45.38	44.49	43.07

8.7.1.5 溶液初始 pH 值对吉恩镍业现场选矿废水净化效果的影响

考虑到重金属离子在碱性条件下易去除，选用价格低廉的石灰作为脱稳剂及溶液初始 pH 值的调整剂。在室温条件下，用石灰将 1000mL 废水的初始 pH 值分别调为 8~9、9~10、10~11，然后加入等量的 PAM 溶液，先快速（180r/min）搅拌 1min 后慢速（60r/min）搅拌 1min，静置 10 min。取上清液进行水质分析，水质分析结果见表 8-57。

表 8-57 溶液初始 pH 值对废水净化效果的影响

pH 值	8~9	9~10	10~11
SS/g·L^{-1}	0.18	0.11	0.17
Cu/g·L^{-1}	0.0010	0.0008	0.0014
Pb/g·L^{-1}	0.0017	0.0009	0.0009
Zn/g·L^{-1}	0.0010	0.0007	0.0010

pH 值	8~9	9~10	10~11
Ni/g·L^{-1}	0.0062	0.0041	0.0039
S/g·L^{-1}	<0.005	<0.005	<0.005
SO$_4^{2-}$/g·L^{-1}	0.41	0.38	0.37
COD/mg·L^{-1}	44.49	41.69	46.13

从表 8-57 的试验结果可以看出，PAM 在废水初始 pH 值为 9~10 时的混凝沉淀效果最佳，其混凝沉淀效果受废水 pH 值的影响，这与某些重金属离子为两性离子有关。从试验现象也可看出，在溶液初始 pH 值为 9~10 时，矾花体积大，沉降速度非常快且上清液清澈。因此，选用石灰将溶液初始 pH 值调至 9~10，石灰的用量为 0.75g/L。

8.7.1.6 反应温度对吉恩镍业现场选矿废水净化效果的影响

因吉林通化吉恩镍业有限公司选矿厂所在地四季温差较大，为了验证不同季节选矿废水净化处理的效果，考察了不同温度选矿废水净化的影响，试验结果见表 8-58。在试验过程中注意到：5℃时各种废水处理后需要静置的时间比其他三个温度要长些，不过 30min 后与其他三个温度下相当。

表 8-58　不同反应温度对选矿废水净化效果的影响

温　度/℃	5	10	20	30
pH 值	9~10	9~10	9~10	9~10
SS/g·L^{-1}	0.21	0.19	0.11	0.11
Cu/g·L^{-1}	0.0012	0.0010	0.0008	0.0008
Pb/g·L^{-1}	0.0012	0.0011	0.0009	0.0010
Zn/g·L^{-1}	0.0009	0.0009	0.0007	0.0009
Ni/g·L^{-1}	0.0046	0.0043	0.0041	0.0040
S/g·L^{-1}	0.005	0.005	<0.005	<0.005
SO$_4^{2-}$/g·L^{-1}	0.40	0.34	0.38	0.30
COD/mg·L^{-1}	50.14	44.85	41.69	41.33

从表 8-58 可见，5℃、10℃、20℃、30℃四个温度下，一次性顺序加入同等体积的石灰和 PAM 溶液快速（180r/min）搅拌 1min 后，慢速（60r/min）搅拌 1min，并静置一定时间后，各种废水的处理效果随着温度的升高而变好，且结果相差不大。因此后续试验不考虑反应温度的影响，仅在室温下进行试验。

通过以上条件试验可得出，采用石灰+PAM 法处理吉林通化铜镍矿现场选矿废水，即在室温条件下，使用石灰调节废水 pH 值为 9~10，再加入用量为 0.04g/L 的 PAM，先快速搅拌 1min 后，再慢速搅拌 1min，然后静止 10min 可使现场尾矿废水水质基本达到废水回用要求，试验取得了初步的成果，同时也为后续处理实验室铜镍混合浮选工艺选矿废水提供依据。

8.7.2　实验室铜镍混合浮选工艺选矿废水净化及回用试验

由铜镍选矿试验研究结果表明，采用铜镍混合浮选工艺方案来回收该铜镍硫化矿效果较好，获得的铜、镍单一精矿质量更好，品位更高，且铜、镍回收率最高。同时现场也采用此方案进行选矿回收，效果较好，得到的分选指标较理想。为了将实验室铜镍选矿废水处理后循环回用，本试验以铜镍混合浮选工艺流程和药剂制度为原则流程，并对此工艺条件下闭路试验获得的选矿废水一并收集，并进行废水净化处理，从而考察废水处理后循环回用对铜镍选矿指标的影响。

8.7.2.1　实验室铜镍混合浮选工艺选矿废水水质分析

铜镍混合浮选工艺方案，即采用硫酸铜作为活化剂，（乙黄+丁铵）作捕收剂进行混合浮选，浮选粗精矿采用 CMC 作抑制剂进行两次精选，得到的铜镍混合精矿以石灰作抑制剂进行抑镍浮铜铜镍分离的工艺流程和药剂制度。此工艺获得的尾矿水与精矿水混合为最终需处理的选矿废水（见图8-47）。最终处理水水质分析与现场尾矿水结果见表8-59。

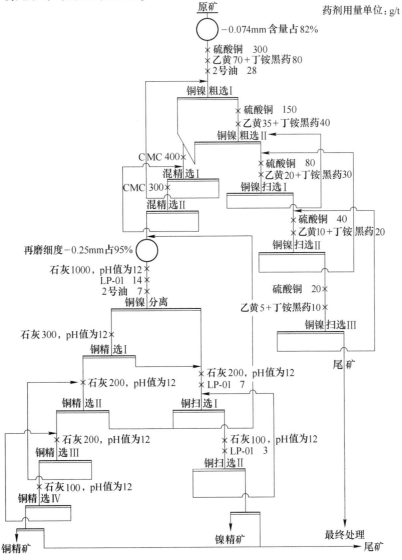

图 8-47 铜镍混合浮选工艺选矿废水走向图

表 8-59　废水水质监测结果

水　样	闭路试验尾矿废水	现场未加药尾矿废水
SS/g·L^{-1}	43.86	68.25
pH 值	7~8	6~7
Cu/g·L^{-1}	0.0100	0.0080
Pb/g·L^{-1}	0.0016	0.0026
Zn/g·L^{-1}	0.0010	0.0089
Ni/g·L^{-1}	0.0058	0.0110
S/g·L^{-1}	<0.005	<0.005
SO$_4^{2-}$/g·L^{-1}	0.18	0.68
COD/mg·L^{-1}	126.91	76.57

由表 8-59 和图 8-47 可知，废水处理所采用的铜镍混合浮选工艺流程和药剂制度与现场选矿工艺基本一致，同时此工艺获得的尾矿废水中离子种类、含量、含泥量也基本和吉恩镍业现场未处理的尾矿废水水质指标相当。为此，鉴于实验室采用的石灰+PAM 法处理吉恩镍业现场尾矿废水效果较好，本次试验也采用该法对小型闭路试验尾矿水进行详细的研究。

8.7.2.2　溶液 pH 值对实验室铜镍混合浮选工艺选矿废水净化的影响

本次试验主要考察了溶液 pH 值对实验室铜镍混合浮选工艺选矿废水净化指标的影响，试验在室温条件下进行，用石灰将 1000mL 废水的初始 pH 值分别调为 8~9、9~10、10~11，然后加入凝聚剂 PAM（0.04g/L），先快速（180r/min）搅拌 1min 后慢速（60r/min）搅拌 1min，静置 10min。取上清液进行水质分析，水质分析结果见表 8-60。

表 8-60　溶液 pH 值对废水净化效果的影响

pH 值	8~9	9~10	10~11
SS/g · L^{-1}	0.24	0.10	0.08
Cu/g · L^{-1}	0.0018	0.0011	0.0008
Pb/g · L^{-1}	0.0011	0.0009	0.0007
Zn/g · L^{-1}	0.0008	0.0007	0.0010
Ni/g · L^{-1}	0.0041	0.0021	0.0021
S/g · L^{-1}	<0.005	<0.005	<0.005
SO$_4^{2-}$/g · L^{-1}	0.24	0.16	0.15
COD/mg · L^{-1}	44.28	40.46	35.20

由表 8-60 可见，在废水初始 pH 值为 9~10 时凝聚剂 PAM 的混凝沉淀效果最佳，其混凝沉淀效果受废水 pH 值的影响，这与某些重金属离子为两性离子有关。从试验现象也可看出，在溶液初始 pH 值为 9~10 时，矾花体积大，沉降速度快且上清液清澈。因此，选用石灰将溶液初始 pH 值调至 9~10，此时石灰的用量为 1g/L。

8.7.2.3　PAM 用量对实验室铜镍混合浮选工艺选矿废水净化的影响

本次试验主要考察了凝聚剂 PAM 用量对实验室铜镍混合浮选工艺选矿废水净化指标的影响，试验在室温条件下进行，向装有 1000 mL 废水的五个烧杯中加入等量的石灰乳（1g/L）后，分别加入不同量的 PAM 溶液，先快速（180r/min）搅拌 1min 后，再慢速（60r/min）搅拌 1min，静置 10 min 后，矾花沉降速度快，且上清液清澈（见图 8-48）。取上清液进行水质分析，水质分析结果见表 8-61。

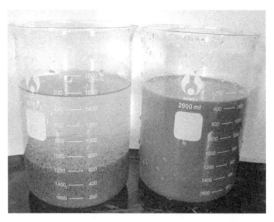

图 8-48　处理后（左）和处理前（右）尾矿废水的效果对照图

表 8-61　凝聚剂用量对废水净化效果的影响

PAM 用量/g·L^{-1}	0.03	0.04	0.05	0.06
pH 值	9~10	9~10	9~10	9~10
SS/g·L^{-1}	0.20	0.10	0.09	0.09
Cu/g·L^{-1}	0.0025	0.0011	0.0008	0.0008
Pb/g·L^{-1}	0.0018	0.0009	0.0008	0.0007
Zn/g·L^{-1}	0.0013	0.0007	0.0006	0.0006
Ni/g·L^{-1}	0.0048	0.0021	0.0015	0.0014
S/g·L^{-1}	<0.005	<0.005	<0.005	<0.005
SO$_4^{2-}$/g·L^{-1}	0.22	0.16	0.15	0.15
COD/mg·L^{-1}	44.76	40.46	39.49	37.07

　　表 8-61 的结果表明，随着 PAM 用量的增加，实验室铜镍混合浮选工艺选矿废水中各类重金属离子都有明显的降低，当 PAM 用量达到 0.05g/L 时，继续增大用量效果不明显，综合考虑到经济等

因素的影响，PAM 溶液用量选用 0.05g/L。

8.7.2.4　上清液的进一步处理

虽然采用石灰+PAM 法处理废水得到的指标较好，但未达到废水回用的标准，主要表现在铜离子略有偏高。若此废水循环回用，势必会影响到铜镍混合精矿的铜镍分离，从而影响铜镍精矿质量和选矿指标。导致铜离子难以完全消除的原因是该铜镍矿原矿在磨矿时产生的微细矿粒，再加上铜镍混合精矿再磨作业产生的二次矿泥中含有大量的微细矿粒，这些微细矿粒经石灰+PAM 法处理后大部分都快速沉降，但有一小部分微细矿粒在短时间内难以沉降，使废水中的铜离子略有偏高，进而影响到废水回用。

针对上述问题，实验室采用两种方案处理上清液中难沉降的微细矿粒：（1）延长静置时间，让这部分微细矿粒自然沉降（见图 8-49）；（2）将上清液过滤，去除这部分微细矿粒（见图 8-50）。试验结果见表 8-62 和表 8-63。

图 8-49　上清液中微细矿粒自然沉降结果

图 8-50 过滤上清液中的微细矿粒

表 8-62 自然沉降时间对废水净化效果的影响

方案	静置 10min	静置 12h	静置 24h
pH 值	9~10	9~10	9~10
SS/g·L^{-1}	0.09	0.07	0.05
Cu/g·L^{-1}	0.0008	0.0006	0.0003
Pb/g·L^{-1}	0.0008	0.0007	0.0003
Zn/g·L^{-1}	0.0006	0.0005	<0.0005
Ni/g·L^{-1}	0.0015	0.0015	0.0016
S/g·L^{-1}	<0.005	<0.005	<0.005
SO$_4^{2-}$/g·L^{-1}	0.15	0.14	0.12
COD/mg·L^{-1}	39.49	38.67	33.38

表 8-63 上清液进一步过滤对废水净化效果的影响

方案	上清液未过滤	上清液过滤
pH 值	9~10	9~10
SS/g·L^{-1}	0.09	0.04
Cu/g·L^{-1}	0.0008	0.0004
Pb/g·L^{-1}	0.0008	0.0002

方案	上清液未过滤	上清液过滤
Zn/g·L^{-1}	0.0006	<0.0005
Ni/g·L^{-1}	0.0015	0.0015
S/g·L^{-1}	<0.005	<0.005
SO$_4^{2-}$/g·L^{-1}	0.15	0.15
COD/mg·L^{-1}	39.49	38.46

由表 8-62 和表 8-63 可见，采用两种方案对上清液进行处理都取得了较好的结果，选矿废水中的离子均能达到回用要求，但考虑到静置时间要长达 24h 才能有较好的效果，因此，现场可采用上清液再次过滤后废水直接回用。

考虑到处理后的废水 pH 值（9~10）偏高，会对镍矿物有所抑制，因此，在过滤后的上清液中加入足量的盐酸将废水的 pH 值调节为中性（pH 值为 7 左右），加入盐酸后，废水的各项水质指标见表 8-64。

表 8-64　自来水及盐酸调节前后废水的水质指标

水 样	未加盐酸调节废水	加盐酸调节后废水	自来水
pH 值	9~10	7	6~7
SS/g·L^{-1}	0.04	0.04	0.01
Cu/g·L^{-1}	0.0004	0.0004	0.0005
Pb/g·L^{-1}	0.0002	0.0005	0.0005
Zn/g·L^{-1}	<0.0005	0.0005	0.0006
Ni/g·L^{-1}	0.0015	0.0015	0.0015
S/g·L^{-1}	<0.005	<0.005	<0.005
SO$_4^{2-}$/g·L^{-1}	0.15	0.14	0.16
COD/mg·L^{-1}	38.46	30.45	—

由表 8-64 可见，加盐酸调节 pH 值至 7 后，废水的各项指标与未加盐酸处理的废水水质指标基本一致，说明采用盐酸调节废水

pH 值不会引起废水水质的变化。同时，盐酸调节后的废水与自来水的各项水质指标基本相同，说明采用石灰+PAM 法处理再加盐酸调节 pH 值至 7 后的废水可以达到回用的要求。

8.7.3 实验室混合浮选工艺选矿废水处理后回用对选矿指标的影响

为了进一步验证实验室铜镍混合浮选工艺选矿废水净化处理结果，在开路试验的基础上进行了废水回用全闭路流程试验。将处理后的选矿废水全流程循环回用，考察回水回用对铜镍混合浮选工艺选矿指标的影响。试验流程同铜镍混合浮选工艺流程（见图8-31），试验结果见表 8-65。

表 8-65　废水回用闭路试验指标

产品名称	产率/%	品位/%		回收率/%	
		Cu	Ni	Cu	Ni
铜镍混合浮选工艺清水闭路试验指标					
铜精矿	1.48	31.53	0.82	70.70	1.26
镍精矿	12.32	0.32	6.18	5.97	79.31
尾矿	86.20	0.18	0.22	23.32	19.43
原矿	100.00	0.66	0.96	100.00	100.00
废水处理后全流程循环回用闭路试验指标					
铜精矿	1.38	30.87	0.96	68.71	1.42
镍精矿	12.03	0.35	6.05	6.79	78.26
尾矿	86.59	0.18	0.22	24.50	20.32
原矿	100.00	0.62	0.93	100.00	100.00

由表 8-65 可见，废水处理后全流程循环回用闭路试验可以获

得含铜 30.87%、铜回收率 68.71%，含镍 0.96%、镍回收率 1.42%的铜精矿；含铜0.35%、铜回收率6.79%，含镍6.05%、镍回收率78.26%的镍精矿。选矿废水采用石灰+PAM法净化处理后效果显著，返回全流程循环回用与清水闭路试验指标基本一致，差别不大，对铜镍混合浮选工艺基本没有影响。

8.7.4 选矿废水处理试验研究小结

对吉恩镍业现场选矿废水和实验室铜镍混合浮选工艺选矿废水进行了净化处理，并将实验室铜镍混合浮选工艺选矿废水净化处理后返回此工艺全流程循环回用，结果表明：

（1）通化吉恩镍业现场选矿废水成分复杂，固体悬浮物浓度和重金属含量都很高，导致废水沉降困难，返回选矿厂回用效果较差，导致铜、镍分选指标不好。针对该尾矿废水性质，采用石灰+PAM法净化处理取得了较为满意的效果，可使废水水质基本达到废水回用的要求。

（2）实验室混合浮选工艺选矿废水水质与吉恩镍业现场选矿废水水质较为相似，采用石灰+PAM法净化处理取得了较好的指标，选矿废水中离子含量均能达到废水回用标准。

（3）将实验室铜镍混合浮选工艺选矿废水采用石灰+PAM法净化处理，并返回此混合浮选工艺全流程循环回用获得了较好的选矿指标。与铜镍混合浮选工艺清水开路、闭路试验指标相比基本一致，选矿废水净化处理效果显著，处理后对铜镍混合浮选工艺基本没有影响。

9 难选铜镍硫化矿清洁选矿工艺的应用

归总第 8 章提出的难选铜镍硫化矿清洁选矿新工艺的主要技术特点包括：

（1）针对铜镍矿物嵌布特征复杂、嵌布粒度不均匀等特性及矿物可浮性特征，采用分步浮选的方法，将易浮矿物闪速浮选，难选矿物强化浮选，实现铜镍矿物的高效综合回收。

（2）在不过粉碎的情况下，适当提高入选矿石细度，提高目的矿物单体解离度，并利用控制分级技术选择性再磨浮选中矿，以促进未解离矿物充分单体解离，实现目的矿物强化分选。

（3）采用高选择性铜矿物捕收剂 LP-01 应用于铜镍分离作业，在保证铜、镍精矿质量的前提下，最大限度地提高铜镍矿物分离指标。

（4）针对铜镍选矿废水特性及胶体颗粒沉降规律，采用合适有效的废水脱稳剂、絮凝剂、吸附剂等联合絮凝沉降选矿废水，并吸附脱除废水中的残留药剂与杂质有害离子，实现铜镍废水净化处理后循环回用。

9.1 难选铜镍硫化矿高效清洁选矿新工艺验证试验

为验证新工艺的可行性，提高新工艺对矿石的适应性，2010年12月，在通化吉恩镍业有限公司选矿厂实验室进行了不同性质的矿石与选矿废水验证试验，验证了新技术的各工艺条件，以及选矿废水净化处理效果及对铜镍选矿指标的影响。废水净化处理效果如图 9-1 所示，验证试验指标及废水回用指标见表 9-1。

图 9-1　铜镍选矿废水在验证试验过程中的净化处理效果

表 9-1　新技术验证试验技术指标

水质	产品名称	产率/%	品位/%		回收率/%	
			Cu	Ni	Cu	Ni
回水	混合精矿	8.02	3.08	4.52	79.68	77.13
	尾　矿	91.98	0.07	0.12	20.32	22.87
	原　矿	100.00	0.31	0.47	100.00	100.00
清水	混合精矿	8.45	3.11	4.57	79.63	77.23
	尾　矿	91.55	0.07	0.12	20.37	22.77
	原　矿	100.00	0.33	0.50	100.00	100.00

验证试验结果表明，新技术对不同入选性质的入选矿石都表现出了较好的适应性，获得的试验指标良好，选矿废水净化处理后效果较好，且回用对铜镍分选指标无不良影响。

9.2 难选铜镍硫化矿高效清洁选矿新工艺工业试验

2011 年 1~6 月，通化吉恩镍业有限公司依据新工艺方案对公司废水处理站与选矿工艺流程进行了基建改造。2011 年 7 月，新工艺工业试验正式实施，期间系统调试了新工艺的各作业条件及参数，并对存在的问题进行了持续改进，取得了显著的效果。

9.2.1 原工艺技术条件与存在的问题

9.2.1.1 原工艺技术条件

选矿厂原铜镍选矿工艺采用"铜镍混浮—铜镍分离"工艺为主体流程，所得泡沫产品依次精选，所得中矿产品顺序返回，工艺流程如图 9-2 所示；原废水净化处理工艺采用（硫酸亚铁+阴离子PAM）作絮凝剂，以"厂内加药，库内沉降"的方式进行处理，工艺流程如图 9-3 所示。选矿厂原工艺生产指标见表 9-2，废水净化处理后指标见表 9-3。

表 9-2 选矿厂原工艺生产指标（2010 年全年平均生产指标）　（%）

产品名称	产率	品　位		回收率	
		Cu	Ni	Cu	Ni
铜精矿	0.519	25.28	1.83	42.32	1.83
镍精矿	6.011	1.74	5.57	33.74	64.39
尾　矿	93.470	0.08	0.19	23.94	33.79
原　矿	100.000	0.31	0.52	100.00	100.00

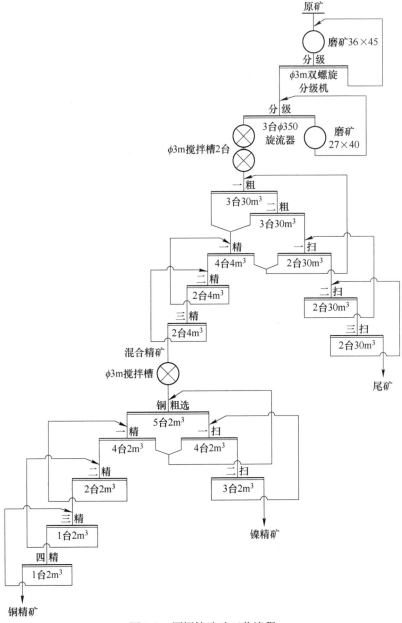

图 9-2 原铜镍选矿工艺流程

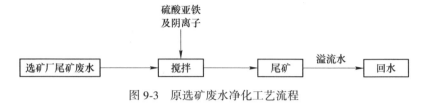

图 9-3 原选矿废水净化工艺流程

表 9-3 选矿厂原废水处理工艺生产指标

名　称	SS	pH 值	Cu^{2+}	Fe^{2+}	Pb^{2+}	Zn^{2+}
含量/g·L^{-1}	43.86	7.0	0.0100	0.1000	0.0016	0.0010
名　称	Ni^{2+}	Fe^{3+}	S	SO_4^{2-}	Ca^{2+}	COD
含量/g·L^{-1}	0.0058	0.0400	0.004	0.18	0.0300	0.1269

9.2.1.2 原工艺存在的问题

（1）入选矿石细度不够。选矿厂生产处理能力为 1240t/d，由于矿石硬度较高，球磨机在设计选型时未能充分考虑矿石硬度，导致磨机单位处理能力偏低，进而影响入选矿石细度（细度为 -0.074mm 含量占 63%~68%）。

（2）磨矿分级工艺不合理，产品粒度不均匀。磨矿分级系统存在明显缺陷，一段分级细度为 46.80%，分级效率为 49.50%；二段分级细度为 66.40%，分级效率为 44.80%，分级效率较低，导致分级沉砂跑细严重，其中一段分级返砂 -0.074mm 含量为 7.40%，二段分级沉砂 -0.074mm 含量为 22.20%，返砂中合格粒级含量高，返回磨机再磨不仅造成了过磨，而且降低了磨机的生产率，使得粗粒级未能单体解离，细粒级存在过粉碎现象，产品粒度不均匀。

（3）选别工艺不尽合理。矿石中铜镍矿物嵌布粒度不均匀，单体解离不一，而原工艺未能根据矿石特性匹配合理的流程结构，导致易浮矿物未能及时产出精矿，而难浮矿物未能强化回收。

（4）药剂添加不稳定。目前选矿厂未采用自动给药系统，仅凭工人操作经验给药，使得药剂添加不够准确，不能很好地适应矿石性质的变化，生产不稳定。

（5）铜镍分离效果较差。矿石中铜、镍硫化矿物共生关系复杂，且连生致密，同时铜镍混合精矿药剂残留严重，而原工艺未能充分考虑这一矿石特性，导致铜镍分离指标较差，精矿中铜镍互含严重。

（6）细泥返回流程影响较大。该铜镍硫化矿蕴藏于超基性岩中，原生矿泥含量较高，同时破碎作业产生了一定的次生细泥，它们经洗矿水冲洗后一并返回至磨矿作业，最终进入浮选流程，影响铜镍矿物的分选。

（7）选矿废水回用的影响。原工艺对选矿废水采用硫酸亚铁与聚丙烯酰胺作絮凝剂进行了絮凝沉降，沉降后的溢流水含有大量的残留药剂、固体悬浮物及 Ca^{2+}、Cu^{2+}、Fe^{2+}、Fe^{3+} 等难免离子，回用后严重影响铜镍选别指标。

9.2.2 新工艺技术条件与特点

9.2.2.1 选矿新工艺技术条件

（1）尽可能提高入选矿石细度。

（2）采用混合捕收剂（乙基黄药+丁铵黑药）作铜镍浮选捕收剂、硫酸铜作活化剂、水玻璃作分散剂、CMC 作抑制剂、LP-01 作铜镍分离捕收剂，在用量适宜的情况下，将铜镍混合粗选加药点前移至一段磨矿给矿口，使药剂与磨细后的矿物新鲜表面充分作用，延长作用时间。

（3）对浮选中矿选择性再磨，实现未解离矿物较充分地单体解离。

（4）铜镍分离增加再磨和脱药作业。

（5）浮选过程保持稳定，给药均匀合理，浮选液面控制适宜，操作贯彻"勤刮泡、浅刮泡"原则。

9.2.2.2　废水净化处理新工艺技术条件

（1）废水净化新工艺药剂条件。采用石灰作 pH 值调整剂与脱稳剂，保证废水净化过程 pH 值为 9~10，采用阳离子聚丙烯酰胺 PAM 作混凝剂，控制其用量为 0.04~0.08g/L；废水中固体悬浮物与杂质离子反应沉降后，澄清溢流水采用活性炭脱药，脱除溢流水中残留药剂，并以盐酸作 pH 值调整剂、草酸作 Ca^{2+} 去除剂，调节回水后回用。

（2）废水净化处理新工艺流程。新工艺按日处理废水 10000t 设计，采用"厂内加药—搅拌混凝—库内沉淀—坝下治理—集水回用"的工艺流程，首先在选矿厂内向尾矿中添加石灰乳（0.5~0.6kg/m³），调整尾矿废水 pH 值为 9~10，尾矿经管道自流输送至尾矿搅拌站。在尾矿搅拌槽内添加 PAM 混凝剂（18~20g/m³），加药后的尾矿经 2 台 CK-3500 高效搅拌槽连续搅拌，使尾矿废水充分混凝反应，再由泵输送至尾矿库中自然沉淀。废水在尾矿库内澄清后溢流至坝下的集水池，通过管道混合器（管道长度为 1740mm，水压 0.1MPa，平均流速为 0.9~1.2m/s）加药（添加少量的石灰与 PAM），之后进入穿孔旋流絮凝池（长 11m，宽 5.5m，有效水深 3.2m，分为 6 格，每格尺寸为 3.2 m×2.5m），废水中的胶体微细悬浮物在絮凝池中脱稳絮凝，之后进入沉淀池（长×宽×

高为 70m×20m×3m）内沉淀。沉淀后的矿泥用一台泥浆泵（$Q = 60m^3/h$，$h = 30m$）和一台渣浆泵（$Q = 60m^3/h$，$h = 80m$）收集矿泥，并定期输送至尾矿库中。沉淀池中溢流出的澄清废水进入吸附池（长×宽×高为 30m×12m×3m），并添加活性炭（$50 \sim 60g/m^3$），充分搅拌（搅拌器电机功率 10kW，转速 50r/min），吸附残余浮选药剂。脱药后的回水进入回水池中（长×宽×高为 22m×10m×3m），并添加盐酸调剂 pH 值为 7，最后用泵（$Q = 335m^3/h$，$h = 228m$）输送至选矿厂高位回水池回用。

（3）铜镍废水净化新工艺药剂添加点如图 9-4 所示，新建的废水处理站如图 9-5 所示。

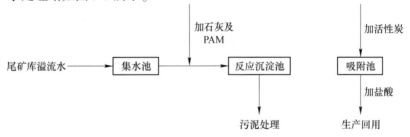

图 9-4 废水净化处理新工艺药剂添加点

图 9-5 新建的铜镍硫化矿选矿废水净化处理站

9.2.3 新工艺持续改进措施

9.2.3.1 优化破碎筛分工艺

由于选矿厂碎磨作业设计选型时没有充分考虑矿石硬度等特性，导致矿石入选细度不够，在不降低生产处理能力和更换球磨机等诸多因素限制下，对破碎筛分工艺进行了优化，采用"多碎少磨"原则合理分配了矿石破碎粒度，优化了中碎给矿方式，将中碎检查筛分的循环负荷 1/3 返回中碎（见图 9-6）、2/3 给入细碎，同时调小粗、中碎破碎机排矿口，更换中、细碎筛分为双层筛（见图 9-7）。工艺改进优化后不仅保证了中碎挤满式给矿，实现层压式破碎，而且减小了细碎的循环负荷量，提高了中、细碎的破碎效率，增大破碎处理能力。破碎筛分工艺优化改进后流程如图 9-8 所示。

图 9-6　1/3 循环负荷返回中碎作业

破矿筛分工艺改进后效果显著，不仅破碎产品最终粒度由 −15mm 降低至 −10mm，而且显著提高了破碎效率与生产处理能力，

图 9-7　更换后的双层筛网

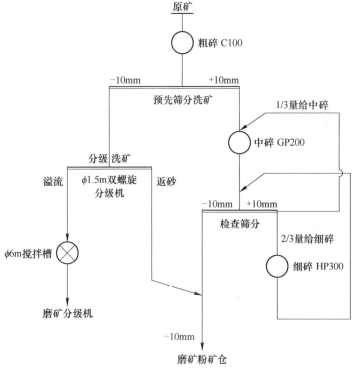

图 9-8　破碎筛分作业工艺改进后流程

磨矿效率也因破碎产品粒度的降低而提高，选矿厂磨浮生产能力由
1240t/d 提高至 1300t/d，一段磨矿分级溢流细度-0.074mm 含量由
46%提高至 50%，二段旋流器溢流细度也由 66%提高至 69%，效
果显著。

9.2.3.2 优化磨矿工艺

工业试验期间对磨矿浓度、细度等参数进行了优化，但由于磨
矿机钢球补加不合理，充填率仅 35%左右，严重影响了磨矿处理
能力与磨矿效率。为此，对磨矿工艺参数进行了优化改进。依据球
径半理论公式，当破碎产品最终粒度降低至 -10mm 后，一段
MQY3600×4500 型球磨矿给矿中 95%通过筛孔的粒度为 9mm 时，
磨矿所需精确球径 D_b 计算为：

$$D_b = K_c \frac{0.5224}{\psi^2 - \psi^6} \sqrt[3]{\frac{\delta_{\text{压}}}{10 \cdot \rho_e \cdot D_0}} \cdot d$$

$$= 1.2 \times \frac{0.5224}{0.76^2 - 0.76^6} \times \sqrt[3]{\frac{1600}{10 \times 5.77 \times 135}} \times 9 = 88\text{mm}$$

式中，K_c 为综合经验修正系数；ψ 为磨机转速率，%；$\delta_{\text{压}}$ 为矿石极
限抗压强度，kg/cm^2，$\delta_{\text{压}} = 100f$；f 为岩矿普氏硬度系数；ρ_e 为钢
球在矿浆中的有效密度，kg/cm^3；D_0 为磨机内钢球"中间缩聚层"
直径，cm；$D_0 = 2R_0$，$R_0 = \sqrt{\dfrac{R_1 + KR_1}{2}}$；$R_1$ 为磨机内最外层球的球
层半径，cm；K 与转速率 ψ、装球率 φ 有关。

可见，当一段磨矿给矿中 95%通过筛孔的粒度为 9mm 时，所
需钢球精确球径 D_b 为 88mm；同理，当粒度为 7mm、5mm、3mm
时，计算出的钢球精确球径 D_b 分别为 71mm、56mm、44mm。二段
磨矿给矿中 95%通过筛孔的粒度为 0.6mm、0.15mm 时，计算出的

钢球精确球径 D_b 分别为 18.2mm、8.4mm。根据磨机给矿产品的粒度分布与计算结果，确定一段磨机补加钢球为 90mm 和 70mm 两种，且计算出补加比例为 2∶1；而二段磨矿由于所需钢球较细，考虑到小钢球生产困难、价格高、耗量大、易随磨矿产品排出，同时大钢球也会逐渐磨细成小钢球等实际情况，最终确定二段磨机补加 60mm 与 40mm 的钢球，且计算配比为 1∶2。

优化磨矿工艺，合理补加球后，磨矿效率显著提高，一段磨机生产率由原工艺的 0.62t/（m³·h） 提高至 0.66t/（m³·h），二段磨机生产率由原工艺的 0.50t/（m³·h） 提高至 0.60t/（m³·h）。同时，一段分级机溢流细度−0.074mm 含量提高至 53% 左右，二段旋流器溢流细度−0.074mm 含量提高至 72% 左右。同时，通过连续水析试验考查发现，最终磨矿产品中−19μm 的微粒级含量减少了 2.80%，显著降低了过磨现象。

9.2.3.3 优化分级工艺

工业试验期间对磨矿工艺进行了优化，合理地补加了钢球，降低了过磨现象，但分级系统溢流跑粗、沉砂跑细现象仍较明显，其中二段分级水力旋流器沉砂中−0.074mm 含量占 24%～26%，分级效率一直维持在 43% 左右，这不仅造成了矿石过磨，且降低了磨机生产率，使合格粒级不能及时排出，分级效率难以进一步提高。研究发现，要提高水力旋流器分级效率，降低过磨现象，就必须一方面降低旋流器沉砂中合格产品的含量，另一方面尽快排出沉砂中的合格产品，同时降低溢流中不合格产品的含量。根据上述指导思路，对分级工艺进行了优化改进。

（1）将二段磨矿分级采用的 2 台 φ500 型水力旋流器沉砂口由原来的 φ50mm 更换为 φ40mm，同时保证给矿压力须大于 0.2MPa，以减少沉砂中合格粒级的含量，如图 9-9 所示。

（2）采用"溢流控制分级"技术，在二段磨矿分级基础上对分级溢流再增加一次控制分级，分级采用 ϕ350 型水力旋流器。同时分级沉砂给入二段预先检查分级作业，分级溢流入选，如图 9-10 所示。

图 9-9　二段分级 ϕ500 水力旋流器　　图 9-10　控制分级 ϕ350 水力旋流器

分级系统优化改进后效果显著，二段磨矿机生产能力由原来的 0.60t/（m³·h）提高至 0.68t/（m³·h），磨矿细度也得到了大幅提高，过粉碎现象也显著改善。改进前后的分级工艺流程如图 9-11 所示。

9.2.3.4　优化浮选工艺

矿石中铜镍矿物嵌布粒度不均匀，单体解离不一，浮游速度存在差异，而原工艺未能根据矿石特性匹配合理的流程结构，产出的浮选泡沫产品均依次精选，所得中矿产品均顺序返回，导致易浮矿物未能及时产出精矿，而难浮矿物未能得到强化回收。为此，工业

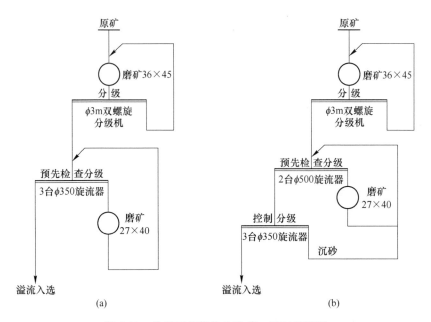

图 9-11　分级工艺优化改进前、后工艺流程

（a）改进前；（b）改进后

试验期间对浮选工艺进行了如下优化改进，如图 9-12 所示。

（1）延长精选作业浮选时间，实现难浮矿物的强化回收。将精一作业 4 台 4m³ 浮选机更换为 4 台 8m³，精二 2 台 4m³ 浮选机更换为 4 台 4m³，精三 2 台 4m³ 浮选机更换为 3 台 4m³，大幅提高了精选作业浮选时间。

（2）采用"分步粗选—易浮矿物闪速精选—难浮矿物强化精选"工艺优化改进浮选流程。根据目的矿物矿石特性与浮游速度差异，将粗选作业分步浮选，采用两段粗选的方式进行；粗一作业第一槽泡沫产品和精一作业第一槽泡沫产品合并给入精三作业闪速精选，并产出精矿产品；精二作业第一槽泡沫产品快速产出精矿产品；扫一、扫二、扫三作业泡沫产品由原工艺的顺序返回改为提前

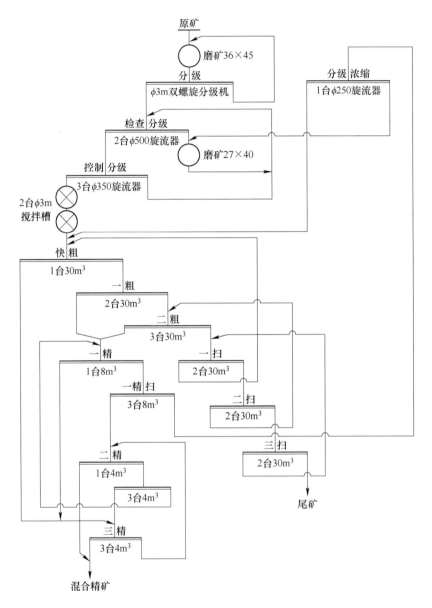

图 9-12 优化改进后的浮选工艺流程

一级返回，即扫一泡沫返回粗一、扫二泡沫返回粗二、扫三泡沫返回扫一，优化改进后效果显著，精矿品位与回收率均显著提高。

（3）采用控制分级技术对中矿进行选择性再磨。将精一中矿采用 $\phi250$ 型水力旋流器预先分级，分级溢流浓缩后返回粗选再选，分级沉砂给入二段球磨机选择性再磨，实现未解离矿物充分单体解离，避免细粒矿物过粉碎及脉石矿物过度泥化。

浮选工艺流程优化改进后效果显著，易浮矿物分步快速浮选，避免了在流程中的过度循环而损失，为难浮矿物创造了有利的浮选时间与空间。难浮矿物通过中矿选择性再磨、延长精选时间及扫选中矿提前返回等措施，得到了有效的强化回收，实现了铜镍矿物的高效回收。

9.2.3.5 优化铜镍分离工艺

由于铜镍矿物共生关系复杂、连生致密，混合精矿药剂残留严重，且缺乏高选择性的铜矿物捕收剂，导致铜镍分离效果较差。为此，项目组对铜镍分离作业采用如下措施进行了优化改进，改进后的流程如图 9-13 所示。

（1）增加铜镍混合精矿再磨工艺。将混合精矿分离前预先再磨，实现铜、镍矿物彼此间充分单体解离。

（2）增加铜镍混合精矿脱药工艺。将混合精矿分离前预先脱药，加入活性炭脱除精矿中过多的残留药剂。

（3）采用自主研发的高效捕收剂 LP-01 作分离作业铜矿物捕收剂。

铜镍分离优化改进后效果显著，通过混合精矿再磨、脱药，为铜镍分离创造了良好条件；高效捕收剂 LP-01 的应用，显著改善了铜镍分离效果，避免了因捕收剂选择性差而导致大量使用抑制剂石

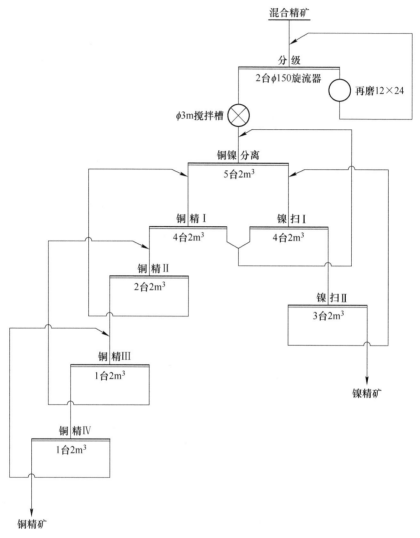

图 9-13 铜镍分离工艺优化后流程图

灰带来的一系列不利影响，提高了铜镍分离指标。由于部分铜镍矿物嵌布粒度微细及公司无法更换更高效的混合精矿再磨机等因素限制，导致目前混合精矿再磨细度离小型试验要求的 -0.025mm 含量占95%仍有一定的差距，若能将再磨机更换为立式搅拌磨可望解决这一难题，铜镍分离指标将有更大的提升空间。

9.2.3.6 Ca^{2+} 等有害杂质离子的去除

铜镍选矿废水采用废水净化处理新工艺治理效果显著，但考虑到回水中仍含有一定量的 Ca^{2+} 等杂质离子，回水返回铜镍浮选流程回用后将对镍矿物有一定的抑制作用。为此，项目组采用添加草酸的方式对回水中的 Ca^{2+} 等杂质离子进行处理，一方面草酸能与 Ca^{2+} 等杂质离子反应，消除其对铜镍浮选的影响，另一方面草酸可擦洗铜镍矿物表面，起到一定的活化作用。

9.2.4 新工艺工业试验结果

通过新工艺技术的实施及持续改进，工业试验获得了显著的效果，工业试验生产指标见表 9-4。

表 9-4 新工艺工业试验指标　　　　　　　　　　（%）

产品名称	产率	品 位		回收率	
		Cu	Ni	Cu	Ni
铜精矿	0.715	25.93	0.98	63.93	1.37
镍精矿	6.568	0.64	5.62	14.49	72.38
尾 矿	92.717	0.07	0.14	21.57	26.25
原 矿	100.000	0.29	0.51	100.00	100.00

工业试验结果表明，新工艺技术不仅能提高铜、镍精矿品位与质量，而且显著提高了精矿中主金属回收率，同时实现了选矿废水的良好净化与循环回用，效果显著。

9.3 难选铜镍硫化矿高效清洁选矿新工艺工业应用

2011 年 12 月，"难选铜镍硫化矿清洁选矿新工艺"工业试验取得了圆满成功，项目组针对难选铜镍硫化矿性质与生产废水特性，研发了高效铜矿物捕收剂 LP-01，开发了"分步粗选—易浮矿物闪速精选—难浮矿物选择性再磨后强化精选"新工艺及"石灰脱稳—PAM 絮凝—活性炭吸附—草酸除钙"的选矿废水净化处理新工艺，新技术对难选铜镍硫化矿的分选表现出了极好的先进性与适应性。为此，通化吉恩镍业有限公司立即将新工艺技术投入工业生产，实现产业化应用。工业应用期间，铜镍选矿生产指标见表9-5，废水净化处理生产指标见表9-6，废水净化处理药剂用量及成本见表9-7。

表 9-5 新工艺工业应用指标　　　　　（%）

产品名称	产率	品　位		回收率	
		Cu	Ni	Cu	Ni
铜精矿	0.705	26.15	0.89	64.69	1.26
镍精矿	6.440	0.61	5.65	13.78	73.21
尾　矿	92.855	0.07	0.14	21.53	25.53
原　矿	100.000	0.285	0.497	100.00	100.00

表 9-6 废水净化处理新工艺工业应用生产指标

序号	项目	生产指标/mg·L^{-1}	Ⅲ类标准值/mg·L^{-1}	标准来源
1	pH 值	7	6~9	Ⅲ类标准值来自于《地表水环境质量标准》（GB 3838—2002），其中镍为集中式生活饮用水地表水源地补充项目标准限值
2	COD	10	≤20	
3	氨氮	0.5	≤1.0	
4	BOD	2	≤4.0	
5	铜	0.001	≤1.0	
6	镍	0.001	≤0.02	
7	硫化物	<0.01	≤0.2	
8	铬	0.004	≤0.05	
9	SS	0.1	<25	

表 9-7 工业应用期间选矿废水净化处理药剂用量及成本

序号	药剂名称	日用量/kg	单价/元·kg^{-1}	日成本/元	年成本/万元
1	石灰	3500	0.32	1120	36.96
2	PAM	120	26.00	3120	102.96
3	活性炭	300	5.50	1650	54.45
4	盐酸	350	1.00	350	11.55
5	合计	4270	—	6240	205.92

选矿厂日排放废水约 6000t，每吨废水治理成本 1.040 元

工业应用结果表明，采用新工艺技术分选难选铜镍硫化矿效果显著，不仅铜、镍精矿品位与回收率得到了大幅提升，而且铜镍选矿废水得到了有效的净化处理并实现循环回用。与原工艺相比，工业应用期间在原矿品位更低的情况下，铜精矿中铜品位提高了 0.87 个百分点、铜回收率提高了 22.36 个百分点，镍精矿中镍品位提高了 0.08 个百分点、镍回收率提高了 8.82 个百分点，精矿中铜、镍互含显著下降。

"难选铜镍硫化矿清洁选矿新工艺"的研发与成功应用为企业创造了显著的经济效益。新工艺自 2012 年工业生产应用以来，为企业年累计节约选矿废水净化成本 409.31 万元，年节约选矿生产成本 10.77 万元，年累计创造新增经济效益 4291.05 万元，经济效益显著。

参 考 文 献

[1] 罗荣晋. 我国镍资源利用现状及前景展望 [J]. 中国城市金融, 2013 (11): 53-55.

[2] 徐爱东, 顾其德, 范润泽. 我国再生镍钴资源综合利用现状 [J]. 中国有色金属, 2013 (3): 64-65.

[3] 罗仙平, 冯博, 周贺鹏, 等. 铜镍硫化矿选矿技术进展 [J]. 有色金属 (选矿部分). 2013 (B12): 12-14.

[4] 芦辰. 浮选百年史与浮选设备的发展趋势 [J]. 黑龙江科技信息, 2013 (8): 89.

[5] 罗伟, 雨田. 浮选的进展 [J]. 国外金属矿选矿, 2006, 43 (4): 10-13.

[6] 福尔斯特瑙 D W. 浮选百年 [J]. 国外金属矿选矿, 2001 (3): 2-9.

[7] 胡为柏. 浮选 [M]. 北京: 冶金工业出版社, 1988, 6: 1-20.

[8] 王淀佐. 浮选理论的新进展 [M]. 北京: 科学出版社, 1992: 72-90.

[9] 陈建华, 冯其明. 电化学调控浮选能带模型及应用 (Ⅱ): 黄药与硫化矿物作用的能带模型 [J]. 中国有色金属学报, 2000, 10 (3): 426-429.

[10] 王淀佐, 孙水裕, 李柏淡. 硫化矿浮选电化学——硫化矿电化学调控浮选及无捕收剂浮选的理论与应用 (Ⅰ) 总论 [J]. 国外金属矿选矿, 1992, 2: 000.

[11] Briceno A, Chander S. An electrochemical characterization of pyrites from coal and ore sources [J]. International Journal of Mineral Processing, 1988, 24 (1): 73-80.

[12] Bebie J, Schoonen M A A, Fuhrmann M I. Surface charge development on transition metal sulfides: an electrokinetic study [J]. Geochimica et Cosmochimica Acta, 1998, 62 (4): 633-642.

[13] Dai Z, Garritsen J A A, Wells P F, et al. Arsenide depression in flotation of multi-sulfide minerals: U S, 7, 004, 326 [P]. 2006-2-28.

[14] 尹冰一. 低品位硫化镍矿中主要硫化矿的浮选行为及电化学研究 [D]. 长沙: 中南大学, 2009.

[15] 罗仙平. 难选铅锌硫化矿电位调控浮选机理与应用 [M]. 北京: 冶金工业出版社, 2010.

[16] 覃文庆, 姚国成, 顾帼华, 等. 硫化矿物的浮选电化学与浮选行为 [J]. 中国有色金属学报, 2011, 21 (10): 2669-2677.

[17] Bagci E, Ekmekci Z, Bradshaw D. Adsorption behaviour of xanthate and

dithiophosphinate from their mixtures on chalcopyrite [J]. Minerals Engineering, 2007, 20（10）: 1047-1053.

[18] Buswell A M, Nicol M J. Some aspects of the electrochemistry of the flotation of pyrrhotite [J]. Journal of Applied Electrochemistry, 2002, 32（12）: 1321-1329.

[19] 孙伟. 高碱石灰介质中电位调控浮选技术原理与应用 [D]. 长沙: 中南大学, 2001, 11-13.

[20] 覃文庆, 孙伟, 胡岳华. 方铅矿浮选的机械电化学行为 [J]. 中国有色金属学报, 2002, 12（5）: 1060-1064.

[21] 顾帼华, 钟素姣. 方铅矿磨矿体系表面电化学性质及其对浮选的影响 [J]. 中南大学学报（自然科学版）, 2008, 39（1）: 54-58.

[22] 顾帼华. 硫化矿磨矿-浮选体系中的氧化-还原反应与原生电位浮选 [D]. 长沙: 中南工业大学, 1998.

[23] 周方良. 凡口铅锌矿磨矿过程对矿浆电位影响的研究 [D]. 长沙: 中南工业大学, 1990.

[24] Leroux M, Martin C J, Rao S R, et al, Complex sulphide ore processing with pyrite flotation by nitrogen [J]. International Journal of Mineral Processing, 1989, 26（1）: 95-110.

[25] Salas A U. 通过控制矿浆电位提高 Pb/Cu 浮选指标 [J]. 国外金属矿选矿, 2000（8）: 37-42.

[26] Clock D W. 通过充氮和硫化调浆来提高硫化铜矿物浮选回收率 [J]. 国外金属矿选矿, 2000, 37（12）: 10-14.

[27] Martin C J, Rao S R, Finch J A, et al. Complex sulphide ore processing with pyrite flotation by nitrogen [J]. International Journal of Mineral Processing, 1989, 26（1）: 95-110.

[28] Redfearn M A. The role of nitrogen in the flotation of by-product molybdenite at Gibraltar Mines [C] //SME-AIME Annual Meeting, 1983.

[29] Rao S, Finch J A. Electrochemical studies on the flotation of sulphide minerals with special reference to pyrite sphalerit. [J]. floating Studies Can Metall Q, 1987, 26: 173-175.

[30] 欧乐明, 冯其明, 卢毅屏, 等. 硫化矿物浮选体系中外控电位电极与矿物颗粒间

的电偶腐蚀作用及其浮选 [J]. 科学技术与工程, 2004 (8): 668-671.

[31] Chander S. Electrochemistry of sulfide flotation: growth characteristics of surface coatings and their properties, with special reference to chalcopyrite and pyrite [J]. International Journal of Mineral Processing, 1991, 33 (1): 121-134.

[32] Aylmore M G, Muir D M. Thiosulfate leaching of gold——a review [J]. Minerals Engineering, 2001, 14 (2): 135-174.

[33] 欧乐明, 冯其明, 张国范, 等. 外控电位浮选设备中电极过程的电压分布 [J]. 科学技术与工程, 2005, 5 (7): 435-437.

[34] Hanson J D, Fuerstenau D W. The electrochemical and flotaion behavior of chalcocite and mixed oxide/sulfide ores, IJMP, 1991, 33: 33-47.

[35] Yoon R H, Woods R. Eh-pH diagrams for stable and metastable phases in the copper-sulfur-water system, IJMP, 1986, 20: 109-121.

[36] Buekley H, Wood T. Pulp potential and floatability of chalcopyrite [J]. Minerals Engineering, 2013: 247-256.

[37] 孙水裕, 王淀佐, 李柏淡. 硫化矿物表面氧化的研究 [J]. 有色金属 (选矿部分), 1993, 11 (4): 42-49.

[38] 罗仙平, 韩统坤, 马鹏飞, 等. 镍黄铁矿无捕收剂浮选行为及表面氧化电化学 [J]. 有色金属工程, 2015, 5 (6): 51-54.

[39] 欧乐明, 冯其明, 卢毅屏. 浮选过程中黄铜矿抑制的电化学研究 [J]. 矿冶工程, 1999, 19 (3): 34-36.

[40] 冯其明, 许时, 陈荩. 硫化矿物浮选电化学 [J]. 有色金属 (选矿部分), 1990, 5: 007.

[41] 王荣生, 徐晓军. 通电化学预处理黄铜矿的浮选 [J]. 矿冶, 1999, 8 (3): 19-23.

[42] Legand D L, Nicol M J. Some aspects of eleetro chemistry of the processing of PGM ores [J]. Journal of Applied Electrochemistry, 2002, 32 (12): 1321-1329.

[43] Poorqasemi E, Abootalebi O, Peikari M, et al. Investigating accuracy of the Tafel extrapolation method in HCl solutions [J]. Corrosion Science, 2009, 51 (4): 1043-1054.

[44] 李治华, 胡熙庚. 金川二矿区镍黄铁矿浮选特性及作用机理研究 [J]. 中南矿冶

学院学报, 1989 (10): 488-495.

[45] 张丽军, 王云. 硫化铜镍矿浮选中捕收剂的吸附竞争 [J]. 矿产综合利用, 2012 (4): 12-15.

[46] 黄真瑞, 钟宏, 王帅, 等. 黄铜矿浮选工艺及捕收剂研究进展 [J]. 应用化工, 2013, 42 (11): 2048-2055.

[47] Hu Yuehua, Sun Wei, Wang Dianzuo. Electrochemistry of flotation of sulphide minerals [M]. Beijing: Tsinghua University Press, 2009.

[48] 朱玉霜, 朱建光. 浮选药剂的化学原理 [M]. 长沙: 中南工业大学出版社, 1996.

[49] Lotter N O, Bradshaw D J. The formulation and use of mixed collectors in sulphide flotation [J]. Minerals Engineering, 2010, 23 (3): 945-951.

[50] Subrata Roy, Amlan Datta, Sandeep Rehani. Flotation of copper sulphide from copper smelter slag using multiple collectors and their mixtures [J]. International Journal of Mineral Processing, 2015, 143 (10): 43-49.

[51] Fuerstenau D W, Herrera-urbina R, Mcglashan D W. Studies on the applicability of chelating agents as universal collectors for copper minerals [J]. Int. J. Miner. Process, 2000, 58: 15-33.

[52] 余润兰. 铅锑铁锌硫化矿浮选电化学基础理论研究 [D]. 长沙: 中南大学, 2004.

[53] 张明伟, 何发钰. 能带理论及其在选矿中的研究现状 [J]. 矿冶, 2011, 21 (2): 6-9.

[54] Bogorodskii E V, Rybkin S G, Barankevich V G. Kinetics of the interaction of iron, copper, and nickel sulfides with a sodium nitrate-sodium carbonate mixture [J]. Russian Journal of Inorganic Chemistry, 2011, 56 (6): 831-834.

[55] Goryachev B E, Nikolaev A A, Lyakisheva L N. Electrochemical kinetics of galena- sulphydryl collector interaction as the basis to develop ion models of sorption-layer formation on the surface of sulphide minerals [J]. Journal of Mining Science, 2011, 47 (3): 382-389.

[56] 黎全, 邱冠周, 覃文庆. DDTC 体系中黄铁矿电极过程动力学的研究 [J]. 矿冶工程, 2011 (6): 30-33.

[57] 刘三军, 覃文庆, 孙伟, 等. 黄铁矿表面黄药氧化还原反应的电极过程动力学 [J]. 中国有色金属学报, 2013, 23 (4): 1114-1118.

[58] 罗仙平，程琍琍. 难选铜铅锌硫化矿电位调控优先浮选工艺 [M]. 北京：冶金工业出版社，2017.

[59] 霍明春，贾瑞强. 硫化矿电化学浮选研究现状及进展 [J]. 云南冶金，2010，39 (1)：30-35.

[60] Hodgson X，Iwasaki I，Smith K A. An electrochemical study on cathodic decomposition Behavior of pyrrhotite in deoxygenated solutions [J]. Mineral & Metallurgical Processing，2004，1 (3)：160-167.

[61] 陈勇，宋永胜. 镍黄铁矿自诱导和外控电位浮选行为研究 [J]. 金属矿山，2010 (10)：65-67.

[62] V·基里亚范内. 某些过程参数对硫化镍矿石可浮性的影响 [J]. 国外金属矿选矿，2010 (11)：20-25.

[63] 王毓华. 石灰抑制镍黄铁矿机理的研究 [J]. 矿冶工程，1998 (6)：23~26.

[64] 唐敏，张文彬. 微细粒铜镍硫化矿浮选的电化学调控 [J]. 有色矿冶，2003，19 (5)：12-19，50.

[65] 王淀佐，孙水裕，李柏淡. 硫化矿电化学调控浮选及无捕收剂浮选的理论与应用 (I) 从硫化矿浮选的发展方向看电化学调控浮选 [J]. 国外金属矿选矿，1992，3：9-13.

[66] Gardner J R，Woods R. An electrochemical investigation of the natural flotability of chalcopyrite [J]. Int. J. Miner. Process，1979，6：1-16.

[67] Matveeva T N，Chanturia V A，Gromova N K，et al. Electrochemical polarization effect on surface composition，electrochemical characteristics and adsorption properties of pyrite，arsenopyrite and chalcopyrite during flotation [J]. Journal of Mining Science，2013，49 (4)：637-646.

[68] 冯博，汪惠惠，罗仙平. 蛇纹石型硫化铜镍矿浮选研究进展 [J]. 矿产综合利用，2015 (3)：6-10，23.

[69] 戴晶平. 凡口铅锌矿硫化矿物的浮选电化学与电位调控浮选研究 [D]. 长沙：中南大学，2002.

[70] 张麟. 铜录山铜矿浮选基础研究与应用 [D]. 长沙：中南大学，2008.

[71] 芦荫芝. 探讨铜锌分离电化学新工艺 [J]. 国外金属矿选矿，1994，31 (1)：1-3.

[72] 邓杰. 低品位硫化镍矿中含镍硫化矿物同步疏水的理论与技术研究 [D]. 长沙：

中南大学, 2012: 5-10.

[73] Gaudin A M. Flotation [M]. Mcgraw-hill Book Company, 1995: 1-7.

[74] Chanturia V A, Bssilio C I, Yoon R H. In-Suit FTIR study of ethyl xanthate addorption on sulfide under condtions of controlled potential [J]. International Journal of Mineral Processing, 1989, 26: 259-274.

[75] Gardner G R, Woods C R, Marticorena M A, et al. Study of the pyrrhorite depression mechanism by diethylenetraamine [J]. Minerals Engineering, 1995, 8 (7): 807-816.

[76] Goryachev B E, Nikolaev A A. Galena and alkali metal xanthate interaction in alkaline conditions [J]. Journal of Mining Science, 2012, 48 (6): 1058-1064.

[77] Nduna M K, Lewis A E, Nortier P. A model for the zeta potential of copper sulphide [J]. Colloids and Surfaces A: Physicochemical and Engineering Aspects, 2014, 441 (20): 643-652.

[78] Nedjar Z, Barkat D. Characterization of galena surfaces and potassium isoamyl xanthate (KIAX) synthesized adsorption [J]. Journal of the Iranian Chemical Society, 2012, 9 (5): 709-714.

[79] Liu G Y, Zhong H, Xia L Y. Effect of N-substituents on performance of thiourea collectors by density functional theory calculations [J]. Trans. Nonferrous Met. Soc. China, 2010, 20 (5): 695-701.

[80] 刘广义, 钟宏, 戴塔根, 等. 中碱度条件下乙氧羰基硫脲浮选分离铜硫 [J]. 中国有色金属学报, 2009, 19 (2): 389-396.

[81] 魏明安. 黄铜矿和方铅矿浮选分离的基础研究 [D]. 沈阳: 东北大学, 2008.

[82] 汤玉和, 汪泰, 胡真. 铜硫浮选分离药剂的研究现状 [J]. 材料研究与应用, 2012, 6 (2): 100-103.

[83] 焦芬, 覃文庆, 何名飞, 等. 捕收剂 Mac-10 浮选铜硫矿石的试验研究 [J]. 矿冶工程, 2009, 29 (3): 48-50.

[84] 罗时军, Mac-12 新型捕收剂提高铜金钼回收率的试验研究 [J]. 稀有金属, 2008, 32 (2): 230-233.

[85] Feng Bo, Luo Xianping. The solution chemistry of carbonate and implications for pyrite flotation [J]. Minerals Engineering, 2013 (53): 181-183.

[86] Feng Bo, Luo Xianping, Xu Jing, et al. Elimination of the adverse effect of cement filling

on the flotation of a nickel ore [J]. Minerals Engineering, 2014 (69): 13-14.

[87] 孙小俊, 顾帼华, 李建华, 等. 捕收剂 CSU31 对黄铜矿和黄铁矿浮选的选择性作用 [J]. 中南大学学报（自然科学版）, 2010, 41 (2): 406-410.

[88] 胡熙庚. 有色金属硫化矿选矿 [M]. 北京：冶金工业出版社, 1987: 54-55.

[89] 董英, 王吉坤, 冯桂林. 常用有色金属资源开发与加工 [M]. 北京：冶金工业出版社, 2005.

[90] Heyes R J, Natarajan K A. Studies on granding media wera and its effect on flotation of ferruginous phosphate ore [J]. Minerals Engineering, 1999, 12 (9): 1119-1125.

[91] Guo H, Wells P F, Fekete S O. Differential flotation of chalcopyrite, pentalandite and pyrrhotite in Ni-Cu sulphide ores [J]. Canadian Metallurgical Quarterly, 1996, 35 (4): 329-336.

[92] Yen W T, Broo A E. Oxgen Reduction at Sulfide Minerals: A rotating ring disc Electrode (RRDE) study on galena and Pyrite [J], IJMP, 2006, V47: 33-47.

[93] 邓敬石. 中等嗜热菌强化镍黄铁矿浸出的研究 [D]. 昆明：昆明理工大学, 2002.

[94] 王淀佐. 硫化矿浮选与矿浆电位 [M]. 北京：高等教育出版社, 2008.

[95] 王淀佐, 覃文庆, 姚国成. 硫化矿与含金矿石的浮选分离和生物提取：一基础研究与技术应用 [M]. 长沙：中南大学出版社, 2012.

[96] 张泾生, 阙煊兰. 矿用药剂 [M]. 北京：冶金工业出版社, 2008.

[97] 李文娟, 宋永胜, 王琴琴, 等. 含磁黄铁矿硫化铜矿石的电位调控浮选研究 [J]. 稀有金属, 2013, 37 (4): 611-620.

[98] Anna H Kaksonen, Silja Särkijärvi, Jaakko A Puhakka, et al. Chemical and bacterial leaching of metals from a smelter slag in acid solutions [J]. Hydrometallurgy, 2016, 159 (2): 46-53.

[99] Ackerman P K, Harris G H. Use of xanthogen formates as collectors in the flotation of copper sulfides and pyrite [J]. Int. J. Miner. Process, 2000, 58: 1-13.

[100] Nadirov R K, Syzdykova L I, Zhussupova A K, et al. Recovery of value metals from copper smelter slag by ammonium chloride treatment [J]. International Journal of Mineral Processing, 2013, 124 (22): 145-149.

[101] Chen Zhuo, Yoon Roe-hoan. Electrochemistry of copper activation of sphalerite at pH 9.2 [J]. Int. J. Miner. Process, 2000, 58: 57-66.

［102］Chandra A P, Gerson A R. A review of the fundamental studies of the copper activation mechanisms for selective flotation of the sulfide minerals, sphalerite and pyrite ［J］. Advances in Colloid and Interface Science, 2009, 145: 97-110.

［103］周源, 刘亮, 曾娟. 低碱度下组合抑制剂对黄铜矿和黄铁矿可浮性的影响 ［J］. 金属矿山, 2009 (6): 69-72.

［104］邱廷省, 方夕辉, 罗仙平. 无机组合抑制剂对黄铁矿浮选行为及机理研究 ［J］. 南方冶金学院学报, 2000, 21 (2): 95-98.

［105］闫明涛, 官长平, 刘柏壮. 四川某高硫铜铅锌硫化矿选矿试验研究 ［J］. 四川有色金属, 2012 (6): 22-26.

［106］Lazaro I, Nicol M J. A rotating ring-disk study of the initial stages of the anodic dissolution of chalcopyrite in acidic solutions ［J］. J. Appl. Electrochem, 2006, 36: 425-428.

［107］汪锋, 黄红军, 孙伟, 等. 不同含铜炉渣选矿对比试验研究 ［J］. 有色金属 (选矿部分), 2013 (6): 60-63.

［108］包迎春, 代淑娟. 某铜炉渣中铜的浮选回收试验研究 ［J］. 有色矿冶, 2012, 28 (3): 24-26, 30.

［109］周贺鹏, 谭亮, 姜学瑞, 等. 通化松柏岭铜镍矿石工艺矿物学特征 ［J］. 金属矿山, 2011 (4): 72-76.

［110］罗仙平, 祝军, 周贺鹏, 等. 一种铜镍矿的选矿方法: 中国, ZL201010533152. x ［P］. 2010-11-05.

［111］罗仙平, 周晓白, 杨备, 等. 一种铜镍硫化矿的选矿方法: 中国, ZL 201010567483. 5 ［P］. 2010-12-01.

索　引